产品设计艺术与审美研究

李 杰 著

地震出版社

图书在版编目（CIP）数据

产品设计艺术与审美研究 / 李杰著. —北京：地震出版社，2021.12
ISBN 978-7-5028-5395-2

Ⅰ.①产… Ⅱ.①李… Ⅲ.①产品设计－艺术美学－研究 Ⅳ.①TB472

中国版本图书馆CIP数据核字（2021）第249258号

地震版 XM4978/TB（6194）

产品设计艺术与审美研究

李 杰 著

责任编辑：刘素剑
责任校对：凌 樱 郭贵娟

出版发行：**地震出版社**
　　　　北京市海淀区民族大学南路9号　　　　邮编：100081
　　　　发行部：68423031　　　　　　　　　传真：68467991
　　　　总编办：68462709 68423029
　　　　专业部：68467982
　　　　http://seismologicalpress.com
　　　　E-mail：dz_press@163.com
经销：全国各地新华书店
印刷：北京市兴怀印刷厂

版（印）次：2022年12月第一版　2022年12月第一次印刷
　开本：710×1000　1/16
字数：160千字
印张：10.5
书号：ISBN 978-7-5028-5395-2
定价：79.00元

专著简介

　　现代设计是一种世界语言，是人类交流的艺术信息符号。作为一种创造性的智力活动，现代设计是一种文化的展现，各地都有自己独特的设计风格和元素，如中国的传统文化，日本的禅悟设计文化，欧洲的简洁、轻奢文化等。一个时代的社会政治环境、经济状况、工业化程度、历史文化传统和人们的审美修养造就了一个国家的设计文化。除此之外，每个国家的设计文化也能侧面反映该国的政治面貌、经济实力和文化传统。

　　本书作者从事多年产品设计专业教学工作，对于产品设计的方法、程序有一些自己的思考，本书从产品设计的基本程序与创意以及审美两个方面着笔，介绍了与之相关的知识和理论。全书共五章，从基础理论到产品设计的基本程序和审美，再到产品设计的实用方法，全面地介绍了产品设计的理论和体系。最后一章以日本陶瓷、欧洲陶瓷、中国博物馆宋代院体花鸟画纺织类文创产品三种产品设计为例，分析了每种产品设计的特点以及由来。

前　言
PREFACE

　　产品设计是为了人类的使用而进行的设计，设计的产品是为人而存在、为人而服务的。工业设计中的产品则是指用现代机器生产手段批量生产出来的工业产品，如各类家用电器、生活用具、办公设备、交通工具等。

　　产品设计可以说是工业设计的核心，是企业运用设计的关键环节，它实现了将原料形态改变为更有价值形态的目的。设计师通过对用户生理、心理、生活习惯等自然属性和社会属性的认知，进行产品的功能、性能、形式、价格、使用环境的定位，结合材料、技术、结构、形态、色彩、工艺、表面处理、创世、成本等因素，从社会、经济、技术的角度进行创意设计。在企业生产管理中保证设计质量的前提下，使产品做到既是企业的产品、市场中的商品，又是日常生活用品，达到客户的需求和企业效益的完美统一。在这一过程中，产品与人、产品与环境、环境与人之间形成相互影响、不可分割的内在联系。由此可知，产品设计中设计师十分重要，操纵着产品设计的重要环节——设计。一个设计师的风格决定了他所设计出来的产品风格，他对生活、对生命、对人生的理解决定了这件产品的特点，所以本书中在介绍产品设计的同时也介绍了产品设计师的教育和成长，在学习产品设计理论的同时，也了解产品设计师的重要性以及他们的成长过程。

　　设计师在产品设计过程中需要具备的最重要的素质是什么？这是本书主要要探讨的问题，笔者经过教学和实践的探索，发现设计师最重要的素质是创意能力与审美水平，创意能力往往决定设计水平的上限，审美水平往往决定设计水平的下限。因此，本书对审美与创意进行了比较深入的探讨，以期能抛砖引玉，对设计人有所裨益。

目 录 CONTENTS

工业设计是就批量生产的工业产品而言的，就是凭借训练、技术知识、经验以及视觉感受赋予材料、结构、构造、形态、色彩、表面加工和装饰以新的品质和规格。

设计师做设计时的工作对象：材料、结构、构造、形态、色彩、表面加工和装饰。

设计师要得到的结果：新的品质和规格。

第一章 产品设计与工业设计

第一节 产品设计与工业设计的概念简析

一、工业设计

（一）概念

工业设计自诞生以来，很多机构与组织都对其进行过定义，其中比较公认的是由国际工业设计协会理事会（International Council of Societies of Industrial Design，ICSID）提出的概念："工业设计是就批量生产的工业产品而言的，就是凭借训练、技术知识、经验以及视觉感受赋予材料、结构、构造、形态、色彩、表面加工和装饰以新的品质和规格。"这个概念比较清晰地勾勒出了工业设计的范畴、性质以及目的。它是一个受多方面因素，如社会、经济、文化以及个人审美等影响的创造活动，是艺术和科学的结合。

（二）传统工业设计

工业设计起源于包豪斯（Bauhaus）。工业设计真正为人们所认识和发挥作用是在工业革命爆发之后，是以工业化大批量生产为条件发展起来的。当时大量工业产品粗制滥造，已严重影响了人们的日常生活，工业设计作为改变当时状况的必然手段登上了历史舞台。传统的工业设计是指对以工业手段生产的产品所进行的规划与设计，使之与使用的人之间取得最佳匹配的创造性活动。从这个概念分析，工业设计的性质如下：

第一，工业设计的目的是取得产品与人之间的最佳匹配。这种匹配，不仅要满足人的使用需求，还要与人的生理、心理等需求取得恰到好处的匹配，这恰恰体现了以人为本的设计思想。

第二，工业设计必须是一种创造性活动。工业设计的性质决定了它是一门覆盖面很广的交叉融汇的科学，涉及众多学科的研究领域，尤如工业社会的黏合剂，使原本孤立的学科，如物理学、化学、生物学、市场学、美学、人体工程学、社会学、心理学、哲学等，彼此联系、相互交融，结成有机的统一体。工业设计实现了客观地揭示自然规律的科学与主观、能动地进行创造活动的艺术的再度联手。

（三）现代工业设计

传统工业设计的核心是产品设计。伴随着历史的发展，设计内涵的发展也趋于更加广泛和深入。现在，人类社会的发展已进入数字时代，设计所带来的物质成就及其对人类生存状态和生活方式的影响是过去任何时代无法比拟的，现代工业设计的概念也由此应运而生。现代工业设计可分为两个层次：广义工业设计和狭义工业设计。

1．广义工业设计

广义工业设计（Generalized Industrial Design）是指为了达到某一特定目的，从构思到建立一个切实可行的实施方案，并且用明确的手段表示出来的系列行为。它包含了一切使用现代化手段进行生产和服务的设计过程。

如图 1-1 所示，电子书的设计采用了拟物化的设计方式，通过亲切的视觉、真实的触摸以及翻页时的真实听觉，营造一种真实的氛围，唤醒用户的熟悉感，消除了电子产品的冷漠感，最直观的感觉就是：电子书不再是一个冷冰冰的布满文字的屏幕。

2．狭义工业设计

狭义工业设计（Narrowndustrial Design）是单指产品设计，即针对人与自然的关联中产生的工具装备的需求所作的响应，包括为了使生存与生活得以维持与发展所需的诸如工具、器械与产品等物质性

图 1-1　拟物化的电子书的设计

装备所进行的设计。产品设计的核心是产品对使用者的身心具有良好的亲和性与匹配。狭义工业设计的定义与传统工业设计的定义是一致的。由于工业设计自产生以来始终是以产品设计为主，因此产品设计常常被称为工业设计。

工业设计以"人"为中心，满足的是"人"的需求。人类的需求不会停留在某一点上，因此，无论工业设计的内涵还是外延都具备一定的动态性。近几年来，随着信息、科学技术的高速发展，小批量、个性化产品生产已经成为可能，越来越多的产品设计倾向于满足用户的个性化需求。同时，在物质生活得到满足后，人们渴望的是弥补由快节奏生活导致的情感缺失，现有的产品设计也由侧重理性因素转为侧重感性因素，并利用多种方法突出视觉、触觉、味觉等方面的感受。设计不是简单的化妆术，如果一个产品很美，但只是进行了包装打扮，这并不属于设计。除去其经济因素及市场因素的影响，一个好的设计，更大的意义在于创造更加合理的生活方式，改善生活品质。

赛格威（Segway）是一种新型绿色轻型代步工具，它的出现改变了人们的出行方式，也缓解了交通压力，受到了人们的欢迎。同时，根据赛格威的工作原理，国外设计师设计了一款针对残疾人的代步车，可以让腿部有残疾的人士直立"行走"，更多地满足了其心理需求，受到残疾人士的喜爱。

总之，现在的工业设计，从企业角度来说，是以市场需求和顾客需求为主导，结合材料、技术、形态、结构、色彩、工艺等因素，使产品既是企业的产品、市场中的商品，又是消费者的用品，最大化地实现了产品的附加价值，达到顾客需求与企业效益的完美统一；从使用者的角度来说，优质的设计是为了创造一个更加美好的生活环境，改变不健康的生活方式，倡导更好的生活理念。

二、程序与方法

产品设计是一项复杂的系统工程，需要多个环节配合完成。在产品开发的过程中，如果程序设置不合理，环节衔接不畅会影响到产品的开发，造成进程的缓慢与停滞，这些问题如果得不到解决，甚至会导致产品开发的失败，给企业带来巨大的经济损失。因此，在进行产品开发时，对于产品设计的整个流程要有宏观和清醒的认识，对于期间所涉及的每个环节都要深入了解，科学推进产品开发程序，这样才能够提高工作效率，保证产品开发的成功率。

（一）程序

所谓"程序"是指为进行某活动或过程所规定的途径，是管理方式的一种。科学合理的程序能够发挥出协调高效的作用，减少过程中出现的问题。笼统地说，程序可以指一系列的活动、作业、步骤、决断、计算和工序，当它们保证严格依照规定的顺序发生时即产生所述的后果、产品或局面。一个程序通常引致一个改变。程序包含输入资源、过程、过程中的相互作用（即结构）、输出结果、对象和价值六个元素。无论用什么样的语言来表达，一个完整的程序基本包括这些要素。

做任何事情，首先强调的就是程序。有句名言说得好："细节决定成败"，程序就是整治细节最好的工具。于是，在所有的工作中，无时无处不在强调程序。可是，当人们只关注形式而不关注实质时，有些事情就发展到了它的反面。程序不是医治百病的灵丹妙药，但对工业设计的学习阶段而言，了解并掌握程序会起到事半功倍的效果。这里可以通过一个例子来说明"程序"的重要性。

有台老式的单面烤面包机，能一次性放入两片面包进行烘烤，但每次只能烘烤一面，当面包的一面烤好后再手工翻面烤另一面。烤好面包一面的时间为1分钟。如果要烤好三片面包最短需要多长时间？通常可以用两种程序来完成这项工作。

"程序一"是大多数人会采用的方法，即先将两片面包烤熟，耗时2分钟，再讲第三片面包烤好，耗时2分钟，总共耗时4分钟，而"程序二"则是先将第一第二片面包的A面烤熟，耗时1分钟，再将第一片面包的B面与第三片面包的A面一起烤，耗时1分钟，此时第一片面包已经烤好，最后将第三片面包的B面和第二片面包的B面一起烤好，耗时1分钟，总共耗时3分钟。如此，将操作的程序调整一下，有了不同的结果。同样的工作，我们采用不同的程序会有不同的结果，科学合理的程序能够明显提高工作效率。人们在进行产品设计时也应当掌握正确的设计程序，这样才能事半功倍。

（二）方法

方法的含义较广泛，一般是指为获得某种东西或达到某种目的而采取的手段与行为方式。它是人们成功办事不可缺少的中介要素，在哲学、科学及生活中有着不同的解释与定义。有人说"方法"一词来源于希腊文，含有"沿着"和"道路"的意思，表示人们活动所选择的正确途径或道路。其实早在2000多年前，在《墨子·天志》中就有对"方法"的阐述："今夫轮人操其规，将以量度天下之圆与不圆也，曰：'中吾规者，谓之圆；不中吾规者，谓之不圆。'是以圆与不圆，皆可得而知也。此其故何？则圆法明也。匠人亦操其矩，将以量度天下之方与不方也，曰：'中吾矩者，谓之方；不中吾矩者，谓之不方。'是以方与不方，皆可得而知也。此其故何？则方法明也。"

【案例1】

垃圾桶与垃圾袋一般情况下是配套使用的，但现有产品没有将两者结合起来。在垃圾桶底部设计一个隔层，用于存放垃圾袋，然后在挡板上开一个小槽。使用时，一旦垃圾桶里面的垃圾袋丢弃，便会直接"抽"出下一节垃圾袋，使用者只需要打开垃圾袋，套在垃圾桶上就可以了。如此简单的一个结构，极大地简化了垃圾袋的使用，也杜绝了翻箱倒柜找垃圾袋的情况。

人们经常强调："工欲善其事，必先利其器。"这就是人们所说的"事必有法，然后可成。"可见办事有一定方法，才会成功。毛泽东曾举了个用桥和船过河的例子以强调工作方法在办事中的重要性。他说："我们不但要提出任务，而且要解决完成任务的方法问题（《毛泽东选集（第一卷）》）。我们的任务是过河，但是没有桥或没有船就不能过。不解决桥或船的问题，过河就是一句空话。不解决方法问题，任务也只是瞎说一顿。"黑格尔把方法也称为主观方面的手段。他说："方法也就是工具，是主观方面的某个手段，主观方面通过这个手段和客体发生关系……"英国哲学家培根则把方法称为"心的工具"，他论述方法的著作就命名为《新工具》。他认为方法是在黑暗中照亮道路的明灯，是条条蹊径中的路标，它的作用在于能"给理智提供暗示或警告"。

【案例2】

公共场所使用的洗手盆采用了磁悬浮技术，悬浮在空中的浮子是金属香皂，同时也是出水的开关。水流由中央出水口喷出，用过的水顺着面盆流向四周的缝隙处。底座与面盆上盖之间的缝隙处鼓出的风可以快速干手。因此，整个洗手、干手的过程，用户只需在洗手盆完成。此设计通过奇妙的思路，巧妙地创造了一种全新的洗手体验，作为公共设施，此设计也有效地保障了清洁性，避免细菌的传播，让洗手更安全、更便捷。

三、学习的目的及意义

现代产品设计是有计划、有步骤、有目标、有方向的创造活动。

每个设计过程都是解决问题的过程。产品设计程序与方法作为工业设计学科的一门专业课程，为整个设计过程提供明确的纲领和标准，是在造型基础与专业基础上进行的综合技能运用。

设计是一个从无到有的过程，设计的每个阶段都有不同的内容与任务。在传统的工业设计中，产品设计师主要从事从产品创意到模型输出过程中的工作，设计的前期与后期均不涉及。但随着市场的变化与设计内容的扩展，产品从调研、设计、生产到制作，甚至还包括产品的消亡和回收，这样一个完整的产品生命周期，每一个阶段都和设计相连，均需设计师理解与掌握。因此，深入认识设计的程序与方法，有助于设计师有针对性地、快速地解决设计过程中出现的问题，有助于产品设计的顺利展开，有助于设计与工程的衔接。根据不同的设计内容，人们可以遵循一定的设计程序与理论方法，形成设计理念和设计精神的统一，不同部门各负其责，注重团队合作，灵活运用设计程序与方法和设计管理知识，提高设计的实现能力和效率。

设计的程序、手段以及方法直接决定设计的最终结果，一个成功的设计是需要用系统的分析、周密的计划以及科学的手段来进行的。产品设计程序为设计提供方法指导，保证设计方向，使设计更加合理化、人性化，更加符合消费者需求，在工业设计中具有极其重要的地位。我们看到的设计图，只是整个设计流程的最终结果展示，深藏其下的是极其深广的设计调研、设计定位、设计分析等设计工作。由此可见，能否合理地统筹安排设计流程、科学严谨地对待每一项设计工作，是决定一个设计成败的关键所在。

第二节　工业设计发展概述

人类设计活动的历史大体可以划分为三个阶段，即设计的萌芽阶段、手工艺设计阶段和工业设计阶段。设计的萌芽阶段可以追溯到旧石器时代，原始人类制作石器时已有了明确的目的性和一定程度的标准化，人类的设计概念由此萌发。到了新石器时期，陶器的发明标志着人类开始通过化学变化改变材料特性的创造性活动，也标志着人类手工艺设计阶段的开端。

工业设计孕育于 18 世纪 60 年代的英国工业革命，诞生于 20 世纪 30 年代的美国。工业设计产生的条件是现代化大工业的批量生产和激烈的市场竞争，其设计对象是以工业化方法批量生产的产品，设计活动进入了一个崭新的阶段——工业设计阶段。工业设计可大致划分为三个发展时期：

第一个时期是自 18 世纪下半叶至 20 世纪初期，这是工业设计的酝酿和探索阶段。在此期间，新旧设计思想开始交锋，设计改革运动使传统的手工艺设计逐步向工业设计过渡，并为现代工业设计的发展探索出道路。工业革命后出现了机器生产、劳动分工和商业的发展，同时也促成了社会和文化的重大变化，这些对于此后的工业设计有着深刻的影响。

第二个时期是在第一次世界大战和第二次世界大战之间，这是现代工业设计形成与发展的时期。这一期间工业设计形成了系统的理论，并在世界范围内得到传播。1919 年德国"包豪斯"成立，进一步从理论上、实践上和教育体制上推动了工业设计的发展。1929 年，美国华尔街股票市场的大崩溃和接踵而来的经济大萧条，使工业设计成为企业生存的必要手段，以罗维为代表的第一代职业工业设计师在这样的背景下出现。在他们的努力下，工业设计作为一门独立的现代学科得到了社会的广泛认可，并确立了它在工业界的重要地位。

第三个时期是在第二次世界大战之后，这一时期工业设计与工业生产和科学技术紧密结合。第二次世界大战后美国工业设计的方法广泛影响了欧洲及其他地区。无论是在欧洲老牌工业技术国家，还是在苏联、日本等新兴工业化的国家，工业设计都受到高度重视。日本在国际市场上竞争的成功，在很大程度上得益于对于设计的关注。20 世纪 70 年代末以来，工业设计在中国开始受到重视。1979 年中国工业设计协会成立，进一步促进了工业设计在中国的发展。

从英国工业革命以来，各种设计思想经历了许多探索、变化及斗争，李乐山教授在其所著《工业设计思想基础》一书中将工业设计思想整理为以下五种：

第一，以艺术为中心的设计，这是19世纪流传下来的设计思想。

第二，面向机器和技术的设计，以机器和技术效率为主要目的，把人视为机器系统的一部分，或者把人看作一种生产工具，并要求人去适应机器。它的主要设计理论是美国的行为主义心理学、军用人机工程学和泰勒管理理论。这种设计思想被称为机器中心论或技术中心论，一些国家的劳动学或人机工程学是以这种思想为中心的。机器中心论的基础是科学决定论和技术决定论，见案例3。

【案例3】

电影《摩登时代》对人与机器关系的描述

西方工业革命开始出现的大机器生产使人机关系发生了彻底变化。在工厂中，人的活动要根据机器的需要进行安排。人必须遵守一系列为保证机器运行而制定的操作规程，被迫成为流水线上的一个零件。这就是所谓机器对人的异化。卓别林无声片的压轴作《摩登时代》最早通过电影表达了机器对人的统治，通过一个流浪汉在工业文明的传送带前窘态毕现、笑料百出的故事，集幽默、讽刺、控诉于一体，讲述了人被机器摧残、异化的寓言。

第三，以刺激消费为主要设计思想，也被称为流行款式设计。它只强调不断用新风格来刺激消费者，给产品披上美丽的外衣，通过有计划地报废产品，不断推出新式样，目的是促使消费者追随新潮流，放弃老式样，达到促进市场销售额上升的目的，是"设计样式追随销售"的一种体现。它的特征主要表现在三个方面：一是功能性废止；二是款式性废止；三是质量性废止。

第四，以人为中心的设计，面向人的设计，为人的需要而设计。

例如，德国的功能主义和欧洲的人本主义设计、意大利和日本的后现代设计（移情设计）、人中心劳动学（不包括人机工程学），以及德国的行动理论（心理学）、人本心理学和认知心理学等。

第五，自然中心论。大约从20世纪60年代开始，人类逐步意识到工业革命以后伴随着世界经济快速发展对自然环境及资源带来的灾难性的破坏，设计师开始把人类社会生活看成整个自然环境中的一部分，考虑人类长远未来的生存问题，围绕环境保护、生态保护、可持续发展等进行设计探索，这些设计探索成为20世纪80年代以来直到今天的设计潮流，主要的设计理论包括绿色设计、生态设计、循环设计和组合设计。

这五大类设计思想的价值来源和设计的目的各不相同，它们分别继承发展了文艺复兴以来各种艺术流派、科学理性传统、经济富裕思想、人道主义思想、社会主义思想以及中国传统的哲学思想。各种工业设计理论无一例外都体现了这些设计价值和目的，这些设计思想的区别往往不在于设计的对象是什么，而在于设计的目的和设计的方法，并根据这些价值和目的建立起各种设计知识、理论和方法。

第三节 产品设计思想的变迁

一、产品设计的现状

目前，由于整个社会处在转型期，产品设计免不了也陷入其中。我们正在追赶世界，世界也在张开双臂迎接我们。但产品设计在中国还处在低幼阶段，与强大的社会背景并不匹配。

1. **整体设计意识的薄弱**

就工业设计而言，现代工业设计已经是现代意识与现代心理的物化，是理性与感性的构成，是科技、艺术、经济、社会有机统一的创造活动。这时，设计意识也就由个人意识上升为社会意识，只有在社会意识表现出对设计的渴求，设计活动才会被认可与重视。而一个国家的设计发展与否，也与这个国家的社会意识对设计需求的有无有关。

今天，世界已经不知不觉进入了以计算机和通信技术为标志的数字信息时代。理智上我们知道新时代已经来临，但心理上我们还没有准备好！目前，设计常常被社会作为"肤浅"的比附，即使没有被丢弃，至少也是被冷落的和轻视的，更谈不上深刻地体现或揭示社会心理。但是，我们相信，当设计师的个体设计意识积累到一定程度，发展到一定阶段，势必会使设计成为生活的必需、社会的渴求，汇聚成一股社会意识被人们重视并接受。

只有当社会意识对设计情有独钟，形成设计意识的时候，设计才有真正的出路。

2．认识的缺陷

这是一个很重要的问题，许多人混淆了设计和艺术这两个概念。很多人认为做设计就是艺术，做设计的人就是搞艺术的人。他们总带有一种不友好的眼光，看不起学设计的人，认为做设计的只知道画画，是恶搞，是与众不同。足见设计并没有真正的做到被大众正视，更谈不上大众化。

二、产品设计的发展趋势

产品设计是一种完全依据新思路的创造性的设计，这种未来型设计也许不能为当代人们所接受，但它是人们对今后生活的美的憧憬，是未来社会图景和人们新生活形态的设计。因此，这需要不断地探索未知，需要不断地寻找新的设计理念和新的设计语言，需要不断地了解设计的发展趋势，需要伴随着科技的发展而不断完善自己。

（一）计算机辅助产品设计的发展

计算机辅助产品设计，是以计算机技术为支柱的信息时代的产物。与以往产品设计相比，计算机辅助产品设计在设计方法、设计过程、设计质量和效率等各方面都发生了质的变化，把产品的创新性、外观造型、人机工程等设计提升到一个新的高度。创新是产品设计的根本，计算机辅助产品设计在产品开发创新性上表现出极佳的优越性和便利性。一个新产品可以有多个切入点进行创新，如功能、结构、原理、形状、人机界面、色彩、材质、工艺等，而这些创新切入点均可以利用先进的计算机技术，进行预演、模拟和优化，使产品创新能在规定的时间内准确、有效得以实现。比如在计算机辅助产品造型方面，使实体模型向产品模型转化成为可能；在人机界面方面，计算机技术，尤其是多媒体、虚拟现实等技术的发展，使产品人机交互界面的设计有了全新的突破。常用产品设计软件有：3DMAX、Pro/ Engineer等。随着计算机技术的进一步发展，计算机辅助产品设计将会使人们对设计过程有更深的认识，对设计思维的模拟也将达到一个新境界。它将使产品创新设计手段更为先进、高效，人机交互方式更加自然、人性。

（二）绿色与仿生产品设计的发展

1. 绿色设计

绿色设计是 20 世纪 80 年代出现的一股国际性的设计思潮。由于全球性的生态失衡，人类生存问题引起了世界范围的重视，人们开始意识到发展和保护环境、设计对保护环境的重要性。绿色设计与我们常说的生态设计概念相同，源自人们对现代技术所引起的环境及生态破坏的反思，体现了设计师道德和社会责任心的回归。绿色设计的主要内容包括产品制造材料选择和管理、产品的可拆卸性和可回收性设计。产品绿色设计经历了以下几个发展阶段：

（1）工艺改变过程，主要是减少对环境有害的工艺，减少废气、废水、废渣的排放。

（2）废物的回收再生，主要是提高产品的可拆卸性能和重复利用性。

（3）改造产品，主要是改变产品结构、材料、使产品易拆、易换、易维修，使所有的能源消耗最低。

（4）对环境无害的绿色产品设计，这点是当前设计师们正在努力的方向。

绿色设计涉及的领域非常广泛，也是现今的设计领域国际流行趋势。例如，在建筑方面，绿色建筑要求在高空建筑空中花园，使人们身在高空也能呼吸新鲜的空气和欣赏大自然的风光；在装修材料方面，绿色装修成为当今的一大潮流，尽量减少居室装修材料的使用量，尽量避免有毒物质材料，尽量使用绿色无污染环保材料；又比如在交通工具、家用电器、家具等设计方面，特别是交通工具（汽车）的绿色设计倍受设计师的关注，因为交通工具是空气和噪声污染的主要来源，同时也消耗大量的宝贵资源。绿色设计将成为今后工业设计发展的主要方向之一。废弃物回收再利用曾是绿色设计的典型方法。

2．仿生设计

仿生设计也是当今国际上的流行设计趋势，广泛应用于材料、机械、电子、环境、能源等设计与开发领域。仿生学是以模仿生物系统的原理来构建技术系统，使人造技术系统具有或类似生物系统特征的学科，它不是纯生物学科，而是把研究生物的某种原理作为向生物索取设计灵感的重要手段。大自然生物中存在许多丰富多彩的外形、巧妙的机构、结构和系统工作原理，值得设计师去研究和探索。

（三）家族化系列产品设计的发展

家族化系列产品设计的发展一般情况下，人们常把相互关联的成组、成套的产品称为系列产品，在功能上它有关联性、独立性、组合性、互换性等特征。系列产品主要有四种形式：成套系列；组合系列；家族系列；单元系列。家族系列产品是由功能独立的产品构成。例如意大利设计师 Fiocco 设计的厨房小用品系列，它们的功能各不相同。家族系列中的产品不一定要求可互换，而且系列中的产品往往是同样的功能，只是在形态、色彩、材质、规格上有所不同而已，这和成套系列产品有相似之处，在整体统一的设计中，寻求恰到好处的多样性、变化性。例如设计师 Maggioni 设计的小垃圾箱系列，功能都是装垃圾的，但它们的外形和色彩有所区别。家族系列产品在商业竞争中更具有选择性，更能产生品牌效应。随着社会经济的发展，消费者的消费行为变得更有选择性，市场需求加速向个性化、多样化的方向发展。人们对产品的要求越来越高，体现在对产品功能、形态、色彩、规格等综合需求质量的提高上。系列产品对于柔性化生产方式具有非常重要的意义，它巧妙地解决了量产与需求多样化的矛盾，使产品能以最低成本生产出来，因而系列产品设计也是目前广为流行的设计趋势。

（四）个性化产品的发展

当今社会，人类不同的需求、欲望和价值观念，在设计领域中将占更重要的位置。今天提出来的个性化产品，是基于人类文明的进展，提示我们要认识到人的生理机制和心理机制是互不相同的，人人都有权利参与社会生活和共享社会文明发明、创造的一切成果。繁忙的经济社会强调理性，人与人之间缺少了感情性的交流与沟通。所以在设计中使理性与感性相互补充、相互渗透、和谐相处。并且，注重设计的非统一性、突出个性与特色、强调创意与创新也是产品设计发展的趋势。它可以提供给不同人群展现个性的空间与平台。凡是符合于产品内在结构和功能的，并且能满足物质需求和精神需求，为广大人民喜爱的设计，都会受到大家的认可与欢迎。中国当代设计在改革开放 40 多年期间有了长足进步。进入 21 世纪的中国经济持续高速发展，特别是加入世界贸易组织以及申办 2008 年北京奥运会和 2010 年上海世博会的成功，更为发展中国工业设计提供了一个历史性的机遇。在新世纪，融入全球经济的中国工业设计应当把握机遇，担负起传统与现代、民族性与国际性双向交流，填补鸿沟的历史使命，早日介入世界现代设计浪潮，力争把具有中国特色的设计推向世界，纳入世界的轨道。产品设计成为当今乃至未来人们关注的焦点之一，这就需要设计者不断地研究产品设计的发展趋势。设计以人为本，体现现代、体现绿色、体现个性，从而不断地满足不同人群的消费需求、欲望和价值取向。设计者既要面对现实，又要敢于大胆想象与创新；既要任重而道远，又要势不可挡。因此，我们要努力追赶设计的发展趋势，创造出新时代艺术与科技相统一的崭新产品。

通过对产品设计现状和发展趋势的简要介绍和分析，我们可以知道产品设计将对人们以后的生活和社会发展产生很深的影响。

第四节　产品设计师的教育和成长

由于工业设计不是纯艺术，也不是单纯地属于自然科学或社会科学，而是多种学科高度交叉的综合型学科，因此设计师作为设计创造的主体，必须具有多方面的知识与技能，全方位的知识结构与高度的社会责任感。

一、设计理论的基本要求

设计师是设计创造的主体，应具备多方面的知识与技能，并应随着时代的发展而不断充实自己。就产品的造型设计而言，每个阶段都对设计师有不同要求。工业设计师除了要掌握人机工程学、设计心理学、美学、产品语义学等学科知识，还应熟练掌握绘画、摄影、雕塑、计算机、制图、样机模型制作等一些应用技术。二维及三维效果图的绘制，是基础设计技能，是设计者通过工具将头脑中的设计实现并展示出来的有效途径。

同时，设计内容的多样性要求设计师在掌握本身学科体系知识的同时，也应了解一些相关的周边学科知识，最好根据各自领域有所侧重，这样才能把具体的设计做得更加深入。例如交通工具的设计，比较侧重空气动力学、人机工程学等；医疗产品设计，比较侧重心理学、医学、材料学等。不管设计什么产品，工业设计师在设计中共同的目的是处理产品与人的关系，如产品能否被消费者接受，操作是否符合消费者习惯，尺寸是否符合人体工学要求等。

　　工业设计是一门实践性学科，光凭书本上的知识还远远不够，需要实际操作并真正参与到设计生产过程中才可以更真实、准确地感受到。对设计师来讲，实践经验非常重要，尤其是与大批量生产相关的实际操作经验。很多学生作品想法很好，产品表现力也很强，但大都有一个通病，就是产品无法批量生产，归根结底还是因为他们缺乏实际操作经验。掌握一定的实际操作经验，是设计顺利展开并成功投入生产的前提，不容忽视。

二、设计能力的基本要求

（一）发现问题和解决问题的能力

　　简单来说，工业设计的过程就是一个发现问题和解决问题的过程。设计首先要明白"解决什么问题"，然后分析"用什么解决"，然后设计"具体怎么解决"，最后在条件允许的情况下思考"这个解决办法是不是可以改得更好"。

　　砸核桃，是不是真的需要"砸"？在定义这个课题时，如将设计概念定义为"将核桃果实与外壳分离"，就会出现各种创意，如图1-2所示。

图1-2　有新意的解决方案

发现问题是设计的第一步，但很多学生甚至设计师本身不会发现问题。现实生活中的大部分产品都存在设计问题，如打点滴时，病人只能一只手自由活动，并且不能随意行动，极其不方便；计算机电源在突然断电时会暴力关机，未保存文件随之丢失；视力有问题的人使用指甲刀会非常费力等；这些都是生活中的问题，但为什么说很难发现？其原因如下：

一是缺乏"以人为本"的理念。很多人会把产品操作失误看成自己的责任，"人是要适应机器的"这种理念"害人不浅"。产品生来就是为人服务的，一个好的设计是不会让操作者失误的。

二是固有思维的限制。对产品的固有认识限制了创新思维的发挥。一个合格的设计师在进行产品造型设计之前都会对自己将要设计的产品设定一个新的产品概念定义，这个新的产品概念定义一般都会包含比较大的范围，以便思维不会受到过多的束缚。例如，在进行课题设计时，如将设计题目定位为"灯具设计"，很多同学都会按照头脑中已有的灯的样式去做加减法，很难有新意；如将设计题目定位为"光的提供方式"，那么蜡烛可以产生光、电可以产生光、萤火虫可以产生光等想法就都会跳出，极大地拓展了问题的解决方式，也更容易出现好的作品。传统意义的暗装电源插座是固定镶嵌到墙里，该设计巧妙地将平面的插座变成立体的，充分利用空间优势，增加插座使用价值。

（二）创新意识

创新是工业设计的本质，创造力是设计师最大的财富。设计师每天都要思考，时时刻刻都要创新，永远不能停下来，这样才能不断推出好的作品。工业设计的创新，需要有关方面资料或特定条件，然后对各种设计的元素进行组合、加工、提炼、综合，从而创造出新的概念和新的产品。

弧形日历在一个半圆的弧形上标注日期，再把周一到周日的英文第一个大写字母标注在一个滑块上，这样你就可以将滑块推到相应的日期上，每个星期推一次即可。而且每次推动滑块之后，都会改变弧形的倾斜角度。

香皂刨丝器设计，简单易用。只需将块状香皂装入，推动下面金属杆就可以刨出香皂细丝落到手中，薄薄的香皂碎屑易溶易用，不再搞得整个香皂都滑溜溜，没有了滑落的尴尬。

由英国设计师戴森设计的无叶风扇，打破了人们对风扇必须有扇叶的传统认识，是风扇设计史上的一个革新。

（三）团队精神

设计需要团队精神，尤其是在科技如此发达的信息社会。工业设计是一门交叉学科，需要将各具特色的元素单体聚合在一起，从而使整体发挥综合高效的工作能力。就设计师个人来说，个人知识技能的不足无法满足设计内容的多样性与复杂性，这时就需要通过与其他设计师、艺术家、工程师、生物学家等各方面专家合作，取长补短，共同完成设计工作。俗语"三个臭皮匠赛过诸葛亮"虽说得不是十分严谨、客观，但足以说明集体的智慧更强大。

（四）其他相关要求

社会是设计扎根的土壤，设计是真正影响社会的事业，社会责任感是设计师必须具备的素质。在提倡节能社会、可持续发展的今天，作为一名设计师，在产品设计中必须尽自己的最大努力满足企业或客户的需要，同时更要考虑到使用者的需要和产品的社会效益。设计师的设计过程，就是创造生活的过程，一个小小的失误就有可能给使用者带来不便或伤害，严重的甚至会对社会造成危害。设计必须有益于社会、有益于人们的身体健康，这个理念必须坚定不移地贯穿于整个设计工作始末。

纸质沙发，它将废纸重新加工并捆成圆柱，使用者只需将中间剪开，按照自己意愿设计沙发形状。赋予废弃物第二次生命，做既能发展经济、创造效益，又能保证生态环境安全的设计，是设计师日后不得不思考的方向。

在英国，随处可见各种被当作垃圾丢弃的金属罐。设计师将用后的金属罐回收后，融合自己的设计，制作成花瓶、牙刷架、洗手液小罐、笔筒、存钱罐、调味瓶、茶罐等。其贴心的设计已经将锋利的金属罐边缘包裹住，使用时完全不用顾忌将手弄伤。

人们经常在矿泉水瓶上看到"您购买一瓶矿泉水，将向 ×× 组织捐献 1 分钱"，而设计师 Sung Joon Kim 和 Jiwon Park 却将这一思想具象化地表现在矿泉水瓶的设计上。设计师将矿泉水瓶瓶体一分为二，使得消费者在购买矿泉水的同时，有一半水是分享给了缺水地区。1/2 设计对于个人来说影响不大，不过对于缺水地区的影响却是异常重大的。

　　程序是技术，审美是艺术，程序是能力，审美是水平，技术与艺术完美结合，一件优秀的产品设计作品就诞生了。

第二章　产品设计的基本程序与审美

第一节　产品设计的基本程序

产品设计程序是为了实现某一设计目的而对整个设计活动进行的策划安排。研究以往的产品设计过程，可以发现设计的工作流程除了受设计目的影响外，还可随着时代的变化、经验的积累、管理水平的提高发生变化。但无论如何变化，其设计流程还是有规律可循的。

一、产品概念设计程序

产品概念设计过程主要是产品的功能规划和描述，产品的形态构成和色彩描述以及用材、结构和工艺描述。一个优秀的产品概念设计应该是基于详尽周密的用户研究、大量的市场调研和突发性的创造性构思。一般产品设计可分为三个阶段：社会调查与需求分析阶段、创意构思阶段、造型设计和生产设计阶段，概念设计也不例外。

伊莱克斯轨道球形概念洗衣机不需要洗衣液、水，而且没有噪声。中间的"球"好比现在洗衣机的滚筒，当工作的时候会悬浮在环形轨道中间滚动，原理类似现在的磁悬浮，"球"与轨道完全没有任何连接，可以分离。

可以缩小的概念电池。把电池与弹簧结构相结合，设计出一款新型的可伸缩电池，这种电池可以在电池电量不足的情况下，将两节电池压缩到一节大小，放到电池盒里当作一节电池使用，将剩余电量耗尽，从而达到物尽其用的目的。

概念寻找器——KeyFinder。其使用主动式 RFID（射频识别技术）技术，由主终端和标签贴两个部分组成，只要将平时我们使用的东西贴上便签贴，不管它丢在床下面还是沙发下面，通过主终端都可以轻松找到。

二、产品改良设计程序

产品改良设计是对原有传统产品进行优化、充实和改进的再开发设计，所以产品改良设计就应从考察、分析与认识现有产品的基础平台为出发原点，对产品的"缺点"和"优点"进行客观的、全面的分析判断，对产品过去、现在与将来的使用环境和使用条件进行区别分析。

（一）产品改良设计的准备

1. 产品改良设计的目的和意义

市场上经常会有林林总总的新产品投放市场，其中真正的原创性新产品却少之又少，绝大多数产品都是老产品进行改良后作为升级换代产品再次投放到市场当中。对企业而言，这是一条投入少、见效快、风险小的途径。现实中，人们对使用功能的需求呈现多样化，与其相应的产品几乎应有尽有，只有在科技发生革命性的突破后，人们的生活方式和生活形态才会发生变化，才会有新的产品诞生。

任何企业制造产品的目的只有一个，就是让其成为商品并在使用者手中实现它的使用功能，从而使企业获得利润。受市场欢迎的产品在经历一段时间后也会慢慢被市场淘汰，想要延长产品的生命周期，必须对产品进行再开发，使产品在安全性、易用性、美观性、环保性等方面得到提升，并降低成本，提高产品价值。这是商品化过程中普遍存在的渐进性设计工作，是提高企业市场竞争力的有效手段。

人们平常在餐厅吃饭，外衣脱下来总是要披在椅子的靠背上，好一点的餐厅，在靠背上有椅套，放在上面比较安全，但有些就没有，外衣脱下来放在外面很不安全。图 2-1 所示的座椅在其靠背处做了一个夹层，里面安装有一个衣架，可以把外衣挂在上面，然后收入座椅靠背的夹层中。这样既安全，又方便。在座椅下面还设计有一个专门放包的地方。如果愿意，还可以把包放在下面。

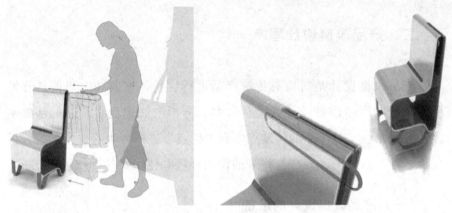

图 2-1　餐厅挂衣座椅

图 2-2 所示的翻转椅，可以翻转使用，从而带来功能上的变化，使用起来更加灵活。

图 2-2　功能演变的翻转椅

2. 产品改良设计应具备的条件

需要进行改良的产品，一般是在市场上已经销售了很长时间，销售人员、使用者对产品销售、使用中出现的问题不断积累，认为有必要对产品进行改良；或者对市场上较受欢迎的产品进行改良，保证相同功能的同时进行某些性能上的改进，以取得更好的感观效果。

产品改良设计是建立在产品功能、市场已经非常成熟的产品之上，市场和消费者已经接受了产品的使用功能，没有太大的风险在其中。在原有的产品技术和工艺的基础上进行产品改良和改进不需要投入太多资金去研发新技术，也可以将其他成熟技术应用到改良设计中。改良后的产品可以借助原有的产品销售渠道进行流通，不会增加企业销售投入。

如儿童床椅，设计师对其进行了改良，将座椅和婴儿床进行功能上的结合，方便了婴儿母亲的日常行动。

（二）产品改良设计的基本思路

通过对产品使用功能、价值工程因素、人机工程学、形态和色彩等要素的改良，可以实现产品的改良设计。在现实的产品改良设计中，最为常见的就是对产品形态的改良，因为产品形态是最直接和消费者交流的产品语言。

产品需要改良的情况，大致有两种：一种是产品功能、机构等发生变化，从而影响产品形态；另一种是产品销售到一定时期，逐渐失去竞争力，此时，如果产品使用功能没有被淘汰，在保持产品原有功能的前提下对形态进行改良和创新，使之以崭新的面貌出现在消费者面前，再次获得市场竞争力。

（三）产品改良设计的程序和方法

产品改良是使企业向市场提供的产品或服务从质上或量上能满足消费者的需求和欲望。任何产品都是有一定寿命的，如果不加以改进，就无法在市场上确保优势的地位。在现代商品化社会，商品生命周期容易缩短，因此为了企业稳定增长，就必须优化配置产品结构，使企业产品始终能适应目标市场的需求。

1. 市场调研

产品源于社会需求，受市场要素制约，因此，产品竞争力的关键是产品能否给消费者带来使用的便利和精神上的满足。市场调研在产品设计流程中是很重要的一步，产品设计所有的出发点和思维重点都是根据调查分析的资料和结果确定的。通过市场信息的大量收集和分析，有助于设计师加深对问题的认识，使之能够完整地定义问题。

设计是一项有计划有目的的活动，企业生产的产品不是毫无根据地凭着设计师的想象设计出来。设计师必须通过对市场多方位、多角度的调研和分析才能准确把握消费者的需求。

1）市场调研的主要步骤

市场调研大致来说可分为准备、实施和结果处理三个阶段。

（1）准备阶段：一般分为界定调研问题、设计调研方案、设计调研问卷或设计调研提纲三个部分。

（2）实施阶段：根据调研要求，采用多种形式，由调研人员广泛地收集与调查活动有关的信息。

（3）结果处理阶段：将收集的信息进行汇总、归纳、整理和分析，并将调研结果以书面的形式——调研报告表述出来。

2）市场调研的主要内容

（1）市场环境调研。调查影响企业营销的市场宏观因素，了解企业生存环境的状态，找出与企业发展密切相关的环境因素。对企业来说，多为不可控因素，如企业所在地理位置、企业周边经济环境、国家相关经济政策等。

（2）产品情况调研。现有产品的情况，包括现有产品的规格特点、使用方式、人机关系、品牌定位、内在质量、外在质量等方面。

（3）主要竞争者情况。市场竞争可以推动企业的快速发展，竞争者情况调查需要了解市场中主要竞争对手的数量和规模，潜在的竞争对手情况，竞争对手的设计策略和设计方向，同类产品的技术性能、销售、价格、市场分布等。

（4）市场需求调研。不同的消费者有不同的需求，通过调查消费者对现有产品的满意程度及信任程度、消费者的购买能力、购买动机、使用习惯等因素进行定量分析，有利于准确选择目标市场。

（5）市场行情调研。了解国内国际地区市场的行情，分析市场行情的变化，预测市场走势，研究这些变化对设计的影响。

助力插头，即在插头上增加了一个助力压片，从正面来看，就像是给插头小人增加了一片卡通刘海，而在需要从插座拔出插头时，按压这个助力片，就会在拔起插头的同时下压从而顶起插头，更加省力。

3）调研方法

产品设计调研方法有很多，比较常见的是访问法，包括面谈、电话调查、邮寄调查等，还可以通过观察法、实验法、数据资料分析法等进行相关调研。

可拆分的笔记本电脑，其显示屏、键盘、鼠标、电子笔等部件都可以单独使用。通过巧妙拆分和组装，适应了用户在不同场合使用电脑的需求。

2．资料收集和分析

1）资料收集的原则

（1）目的性：收集资料前必须事先明确目的，做到有的放矢。

（2）完整性：收集的材料完整，避免分析的片面性。

（3）准确性：这与设计工作的成败息息相关。

（4）适时性：在需要时能够及时提供相关情报。

（5）计划性：通过编制计划，明确目的和内容，提高工作质量。

（6）条理性：要做到去伪存真，整理成册。

遵循以上原则收集市场需求、销售情况、科技情况、生产情况、费用、方针政策等内容。

2）资料分析

在掌握大量信息资料的基础上，对收集的资料进行分类、整理和归纳。针对收集的材料应进行以下分析：

（1）同类产品分析，包括功能、结构、材料、形态、色彩、价格、销售、技术、市场等。

（2）产品分析，包括功能、结构、材料、形态、色彩、价格、加工工艺、技术、市场等。

（3）使用者分析，包括使用者的生理和心理需求、生活方式、消费习惯等。

（4）产品使用环境分析，包括使用地点、时间及其他因素。

（5）影响产品的其他因素分析。

这个阶段的工作应尽量运用各种定量和定性的分析手段对收集信息进行分析。

3．产品设计的定位

设计定位是在产品设计过程中，运用商业化思维，分析市场需求，为新的设计方式和方法设定一个恰当的方向，以使产品在未来市场上具有强大的竞争力。这也是设计师在开始正式设计之前提出问题和分析问题的一个过程。设计定位的准确与否直接关系到设计的最终成败。在产品设计开始之前，如果没有明确的设计定位，设计师的思路就会出现偏差，从而失去产品设计的方向和目标，使设计师无法解决产品设计中的关键问题。产品设计定位要在市场调研和分析的基础上进行。

1）产品改良设计定位的含义

产品改良设计是对原有传统的产品进行优化、充实和改进的再开发设计，应该从考察、分析与认识现有产品的基础平台为出发原点，对产品的"缺点"和"优点"进行客观的、全面的分析判断。

2）产品改良设计定位的方法

对产品过去、现在与将来的使用环境和使用条件进行区别分析。这一分析判断过程更具有清晰的条理性，通常采用一种"产品部位部件功能效果分析"设计方法。先将产品整体分解，然后对各个部位或零件分别进行测绘分析。在局部分析认识的基础上再进行整体的系统分析。由于每一个产品的形成都与特定的时间、环境以及使用者和使用方式等条件因素有关，因此做系统分析时要将上述因素加入一并考虑。设计者应力图从中找出现有产品的"缺点"和"优点"，以及它们存在的合理性与不合理性、偶然性与必然性。在完成上述工作过程后，人们对现有产品局部零件、整体功能还有使用环境等因素，便会具有系统全面的认识，产品改良设计只要注意扬长避短、创新发展，将前期研究分析的成果引用到下一步的新产品设计开发中去即可。

3）产品改良设计定位的内容

设计定位的最终目的是确定一个合适的产品设计方向，也可以作为检验设计是否成功的标准。设计师在设计中常用的设计定位有：

（1）人群定位。在产品改良开发设计中，产品使用的目标人群确定是一个首要问题。这个产品为谁而设计？给谁使用？性别、年龄、收入等问题是设计者在产品改良设计的原点，是首先需要思考的问题。找对目标消费群对于确定产品的使用功能来说至关重要，一切的销售行为都是针对目标消费群的，一旦目标消费群出现错位，就会导致"对牛弹琴"的局面，后果不堪设想。

（2）价格定位。价格在产品流通环节起着重要的作用，产品的价格除了产品的基本开发、生产及销售成本之外，还受到社会经济整体状况及人均消费水平的影响。另外，产品的品牌、技术等附加价值具有价值规律的特殊性，可使其形成特定的价格定位。因此，产品的定位不能单纯地划分为低档、中档、高档，而要做好充分的调研，通盘考虑。

（3）功能定位。所谓功能定位就是凭借其产品功能，抢占消费者大脑里的某个认知区域，让其在需要某种"功能"的时候第一个想到该产品。无论何种产品都必须进行功能诉求，也就是各种形式的广告宣传和市场开发。其目的是明确地告诉消费者该款产品能干什么，在人们的生活中该款产品能起到什么作用。

产品使用功能定位并不是一个笼统的概念，而是要满足消费市场一个比较具体化的需要。比如消费者购买鞋子时对产品使用功能定位，要根据具体人的需求情况，在诸如时尚、保暖、轻便、牢固以及是否具有防水、防碰等安全功能上进行斟酌。不同消费者对上述使用功能消费有着不同的侧重，从而形成不同的消费利益群体。产品功能定位就是要针对各种特殊的利益群体，最大限度地满足市场各类顾客利益的需要，从而赢得最大的市场销售份额。一个新产品的准确的功能定位，不仅能迅速打开市场的大门，也能以其鲜明的使用功能定位特点，迅速树立自己的品牌并占领可观的市场份额。

（4）质量定位。由于"产品"包含的种类众多，许多产品并没有长期使用的需求，仅仅是"一次性产品"，因而关于产品的"质量"的"度"的把握，就显得复杂多变。一些"一次性产品"只需要在正常的使用过程中满足要求即可，没有必要在质量问题中过于纠缠，一味追求过高的质量，可能成为一种人力、物力资源的浪费。

生活在这个压力越来越大的社会中，大多数人都患有轻微的强迫症，其症状之一便是出门之后经常反复询问自己是否已经将燃气、电源等关好。其实，生活可以更加轻松，2011红点设计概念获奖作品"关闭燃气和电源的门把手"就是一款方便人们管理电器、燃气的设计。它能够与家中的电源、燃气等相连，不仅可以显示这些设备的"开启"或"关闭"状态，也方便用户轻松控制它们：只需选择"单一设备"或"全部设备"等选项，按动把手侧面的按钮，便可以将设备关闭。

4. 优化组合与再设计

设计要达到质的转变，必须要有量的积累。在构思阶段，设计师会生成很多较为具体的视觉表达构思，随着绘制和草模型的增多和积累，设计师对目标的理解也会越来越深入。设计展开需要将构思方案转化为具体形象。通过对初步方案的确立，分析得出解决具体问题的方法。这需要多方共同参与，以用户为中心对问题加以解决。初生的设计方案需要经过筛选和反复评估，选出几个有价值的进行分析和论证，确保方案的合理性。可以通过对产品使用功能、产品价值工程因素、产品人机工学、产品形态与色彩等要素的改良实现产品的优化组合和再设计。

例如，可以通过对产品形体的附加性设计、产品形体的简化性设计、产品形体的比例改变、产品形体的改变性设计等方式实现产品形体上的改变。通过对产品的色彩更新和产品形体的缩放实现产品的色彩升级与尺度改变。通过对废旧材料的再利用、因材适用，环保材料的应用与设计等实现产品材料的改善。通过对操控装置的使用缺陷进行改进，提高操作效率并实现操控部分的改动。通过设计在任何状态下都能使用的产品，隐藏在产品中可能导致危险的因素，改进产品结构等实现性能的改进，使产品更好用、更耐用。通过实现产品使用功能的改造，实现从单一功能到多功能的进化。

以产品的功能要素为例，产品改良的优化组合和再设计需要以下几个步骤。

1）功能定义

对产品及构成要素的特定用途作概括性描述，目的在于明确功能的本质，确定功能的内容。

2）功能整理

功能整理的目的在于将产品从实物状态转为功能状态，同时为分析实现功能的现实成本是否合理以及创新设计提供条件。

3）功能成本分析

根据功能整理得出的功能系统图，调查并记录产品及部件的现实成本在功能领域的分布。

4）功能评价

评价比较出功能不足或成本过高的功能领域，明确改良设计方向。具备自动搅拌功能的马克杯，无需搅拌棒。倒进热水和咖啡粉末，轻轻摁住杯柄上的黄色按钮，即可实现搅拌。该产品由两节7号电池提供电力。

5. 方案评价与优化

评价是从问题定义的观点出发批判和研究、解答每一个问题，尽可能地加以组合比较，同时探讨各种方案的可行性。对产品技术性能的测试和试验分析是必不可少的，主要包括系统模拟试验、主要零部件功能试验及环境适应性、可靠性与使用寿命的试验测试，还有振动、噪声等试验测试。

来自日本设计师大木阳平的创意——小鸟开信刀（Birdie Paper Knife）。这小鸟是种漂亮又危险的存在，它们的尾羽修长而扁平，能优雅地趴在办公桌上，成为别致的点缀，但需要时，它又能帮助主人拆开信封，那犀利的羽毛不容任何人忽视。

1）评价与优化的要素

设计评价贯穿于设计全过程，动态地存在于设计各个阶段，这也是现代企业追求的"过程改良"的关键环节。只有通过了严格的评价达到各方面要求，才能降低批量生产的风险，让企业通过设计获得效益。不同的设计项目有不同的评价标准，一般好的设计应符合以下条件：实用性好、安全性能好、较长的使用寿命和适应性、符合人机工程学、技术和形式具有独创性、环境适应性好、使用的语义性能好、符合可持续发展要求、造型质量高。

2）评价与优化的步骤

评价就是用一个标准去度量事务，人们需要制定标准，有了共同的标准才能进行裁判。标准没有好坏对错，对所有的设计师都是公平的。产品设计中遇到的问题都是复杂、多解的问题，通常解决问题的步骤是"分析—综合—评价—决策"。具体可以从以下几方面开展评价与优化工作：

（1）较优化的评价体系和方案初审。传统的设计方法追求最优化目标，在解决问题时，多中择优，采用时间、空间、程序、主体、客体等方面的优势峰值，运用线性规则达到整体优化的目的。现在由于制约因素的多样性和动态性，在选择与评价设计结果时，无法确定最优化的标准。在设计过程中，任何方案结论的演化过程都是相对短暂的，都不是走向全局"最优"状态的，因而真实的产品进化过程不存在终极的目的，面对客观环境的适应性而言，总是局部的、暂时的。这就为当前工业设计评价目标提出了相对和暂时的原则，这种界定只能在有限的范围内，做到设计合理化。这种设计观丰富和发展了传统的系统科学方法中的优化原则，为设计实践确立了科学的评价体系和标准。通过建立评价体系，设计方案的初审就相对简单了，只需要对基本要素进行考察即可。

（2）带比例尺度的设计草图。在经过对众多草图方案及方案变体的初步评价和筛选之后，选出几个可行性强的方案在限制条件下进行深化，设计师必须严谨理性地综合考虑各种制约因素，包括比例尺度、功能要求、结构限制、材料选用、工艺条件等。因此，带比例尺度的设计草图具有较强的优势。通过对草图的推敲，使初期方案得以延展；通过平面效果图的绘制，将设计不断提高和改进。这一过程可以锻炼设计师的思维想象能力，引导设计师探求、发展、完善新的形态，获得新的构思。设计师可以应用马克笔、彩色铅笔等工具用手绘，清晰表达产品设计的外观形态、内部构造、加工工艺材料等主要信息。另外，这种设计表现能有效传达设计预想的真实效果，为下一步实体研讨和计算机建模奠定有效的定量依据。

（3）工作模型。当前计算机辅助设计导入产品设计的情况越来越多，有时为了缩短设计生产周期，设计师会忽视或跨过研讨模型这一过程。但是工作模型能够把二维构想转化为可以触摸和感知的三维立体形态，并在过程中进一步细化、完善方案，不宜省略。

现在虚拟技术下模拟的数字化模型可以对产品进行任意修改和旋转，但设计师发现在细节、质感等因素上难以得心应手地进行控制。工作模型是目的性较强的分析模型，是设计深化不可或缺的手段。设计师可以根据设计中某些具体问题进行工作模型的制作研讨，可以为形态、色彩的变化，改良的功能组件分布等制作模型。鉴于这些要求，工作模型在选材制作上应快速有效。总之，工作模型是深入设计的必然产物和有效手段，也是设计评估中不可缺少的方法。

（4）计算机辅助参数化建模。设计师在产品设计过程中会遇到诸多问题：首先，在产品设计的概念表达方面，无论是手工绘制还是借助计算机辅助设计实现的草图、三视图及效果图都很难全方位准确描述产品的造型信息。其次，在设计概念的评价方面，产品效果图和手工制作的模型难以实现对设计方案的反复修改，且修改过程中会消耗大量人力、物力、时间，并且缺乏准确性。最后，设计概念。在生产制造过程中，设计师需花费大量精力向工程技术人员说明设计概念，结构工程师面对没有参数的造型表现图无法准确理解设计师的意图。

现代工业体系中的产品设计是交互并行的。由于计算机辅助设计和辅助制造的软件界面及功能的智能化，设计生产中的并行工程、模块关联互动的特性可以成倍缩短设计生产的周期，从而导致设计人员工作方法的变化。设计师可以从更直观的三维实体入手，而图纸绘制、装配检验、性能测试等繁重的重复性工作由计算机完成。例如，"波音777"产品的开发过程就是完全借助计算机进行设计，整个设计阶段没有一张图纸，体现了颠覆传统的设计理念。现在设计师凭借感性设计手段将最初的想法绘制成平面效果图，智能化的软件能在三维空间内追踪其效果图的特征曲线，完成三维实体建模及工程图纸的绘制。设计师在任何一个环节进行修改，相关模块的参数也随之修正。在这样的生产环境中，设计师和工程师不必详细了解整个系统，需要时借助计算机，从数据库中调出相应数据，这样设计师和工程人员可以把精力投入前期的创造性工作中。

（5）效果图渲染及报告书整理。设计基本定型后，设计人员需要将成果交由决策人员进行评价。由于审查人员大多不是专业设计人士，设计师需要通过渲染绘制逼真的设计效果图来进行最终展示。一般可以借助强大的计算机软件进行渲染，也可以借助多媒体动画技术全方位逼真地展示。设计分析过程的调查分析和结果也应准确展示，以为方案提供有力论证和支持，并需要整理完整的设计报告书。

（6）综合评价。最终的方案评审会集中各方面的人员，包括企业决策人员、销售人员、生产技术人员、消费者代表、供应商代表等，从不同的角度审查和评价设计方案。综合评价的目的是将不同的人、不同的视角、不同的要求进行汇编，通过定量和定性分析，对设计进行优化，降低生产投入的风险。

（7）方案确立。经过反复讨论和修改，确立最终的设计方案。这个过程有时需要反复多次才能达到较为理想的效果。

6．计算机辅助设计与制造

在产品设计的设想、分析、构思传达阶段可以采用计算机辅助设计，从传达到生产阶段可以采用计算机辅助制造。

1）计算机辅助设计（CAD）

CAD系统已在现代化的工业产品设计中被普遍应用，并产生了革命性的影响。CAD可以简化设计过程，提高工作效率。设计人员可以从计算机的数据库中调阅大量技术资料，对各种图形资料在屏幕上进行鉴别，选择出有用的部分，再利用操纵系统拼装组合到新产品的设计中。CAD系统还能将设计方案转变成为直观立体图。目前，CAD的应用领域涉及家电、汽车、医学、电子、国防武器、宇航等方面。

（1）CAD含义。CAD就是利用计算机及其图形设备帮助设计人员进行设计工作。在产品设计中，计算机可以帮助设计人员承担计算、信息存储和制图等多项工作。在设计中通常要用计算机对不同方案进行大量的计算、分析和比较，以决定最优方案；各种设计信息，不论是数字的、文字的或图形的，都能存放在计算机的内存或外接存储设备里，并能快速地检索；设计人员通常用草图开始设计，将草图变为工作图的繁重工作可以由计算机完成；利用计算机可以进行图形的编辑、放大、缩小、平移和旋转等有关的图形数据加工工作。

（2）CAD基本技术。CAD基本技术主要包括交互技术、图形变换技术、曲面造型和实体造型技术等。

在计算机辅助设计中，交互技术是必不可少的。交互式CAD系统是指用户在使用计算机系统进行设计时，人和机器可以及时地交换信息。采用交互式 CAD 系统，人们可以边构思、边打样、边修改，随时可从图形终端屏幕上看到每一步操作的显示结果，非常直观。

图形变换的主要功能是把用户坐标系和图形输出设备的坐标系联系起来，对图形作平移、旋转、缩放、透视变换，通过矩阵运算来实现图形变换。

曲面造型是指在产品设计中对于曲面形状产品外观的一种建模方法，曲面造型方法使用三维 CAD 软件的曲面指令功能构建产品的外观形状曲面，并得到实体化模型。

实体造型技术是指描述几何模型的形状和属性信息并存于计算机内，由计算机生成具有真实感的可视的三维图形的技术。实体造型技术是计算机视觉、计算机动画、计算机虚拟现实等领域中建立 3D 实体模型的关键技术。

（3）CAD 的特点。CAD 的特点主要有以下几个方面：简化设计用的材料和设备；设计变更和修正速度快；设计表现品质固定；容易管理；设计展示表达容易。

（4）CAD 设计的软件。有 Uni Graphics（UG）、Pro/ENGINEER、Cimatron 等 CAD/CAM 软件，Imageware-SURFACER 逆向工程软件，Rhino Maya、Alias、Softimage3D、3DMAX 等三维建模、渲染及动画软件。

（5）CAD 的功能，如表 2-1 所示。

表 2-1　CAD 的功能表

功能	具体内容
构建 3D 模型	以点、线、面或参数建立起来完整的实体模型，计算机可以忠实记录每一次资料的位置、长度、面积、角度等，经过自动运算交换坐标系统，就可以轻易地平移、转动、分解、结合。还可以通过透视点、透视角度的改变观察产品各个角度透视图。画面上可以安排四个视图，以便随时根据自己的需要而变化
分析	3D 模型建立完整后，配合各种分析功能模块，可以进行不同的分析，如物理特性、体积、容积、色彩和造型研究等

功能	具体内容
设计资料的转化和传输	计算机辅助设计最大的特点在于资料转化的准确和迅速，如果使用CAD-CAM系统，CAD可以提供全自动尺寸标注和说明，可以用三维模型直接加工制造成品
档案管理	设计分析工作完成后，将文件归档存储，逐步建立完整的设计资料库以供日后设计参考和应用。在精密复杂的设计中，这一点尤为重要，它可以将建档的所有零件随时调出组配，检视产品零件的构架是否正确。

2）计算机辅助制造（CAM）

（1）CAM含义。CAM是指在机械制造业中，利用电子数字计算机通过各种数值控制机床和设备，自动完成离散产品的加工、装配、检测和包装等制造过程。

除CAM的狭义定义外，国际计算机辅助制造组织（CAM-I）关于计算机辅助制造有一个广义的定义："通过直接的或间接的计算机与企业的物质资源或人力资源的连接界面，把计算机技术有效地应用于企业的管理、控制和加工操作。"

按照这一定义，CAM包括企业生产信息管理、计算机辅助设计和计算机辅助生产、制造三部分。计算机辅助生产、制造又包括连续生产过程控制和离散零件自动制造两种计算机控制方式。这种广义的CAM系统又称为整体制造系统（IMS）。采用计算机辅助制造零件、部件，可改善对产品设计和品种多变的适应能力，提高加工速度和生产自动化水平，缩短加工准备时间，降低生产成本，提高产品质量和批量生产的劳动生产率。完成产品设计后将模拟数据转化为加工中心可接受的语言来进行加工作业，进入快速加工成型系统，通过纸材、聚碳酸酯、尼龙、金属等材料做出样机。通过快速加工成型系统可以缩短设计周期，减少设计不到位或错误导致的模具修改，降低模具制造成本，使产品更早投入市场。产品制造过程主要包括7个步骤：综合生产计划、产品设计、工艺过程计划、生产进度计划、作业计划、生产实施和生产控制。

（2）CAM 内容。CAM 系统的组成可以分为硬件和软件两方面：硬件方面有数控机床、加工中心、输送装置、装卸装置、存储装置、检测装置、计算机等，软件方面有数据库、计算机辅助工艺过程设计、计算机辅助数控程序编制、计算机辅助工装设计、计算机辅助作业计划编制与调度、计算机辅助质量控制等。

（3）CAM 功能。CAM 的核心是计算机数值控制（简称"数控"），是将计算机应用于制造生产过程的过程或系统。CAM 系统一般具有"数据转换"和"过程自动化"两方面的功能。

CAM 所涉及的范围包括计算机数控和计算机辅助过程设计。CAM 系统是通过计算机分级结构控制和管理制造过程的多方面工作，其目标是开发一个集成的信息网络来监测一个广阔的相互关联的制造作业范围，并根据一个总体的管理策略控制每项作业。

从自动化的角度看，数控机床加工是一个工序自动化的加工过程，部分或全部零件在加工中心实现机械加工过程自动化，柔性制造系统是完成一族零件或不同族零件的自动化加工过程，计算机辅助制造就是完成这一过程的总称。大规模的计算机辅助制造系统是一个由若干计算机分级结构形成的网络，它由两级或三级计算机组成，中央计算机控制全局，提供经过处理的信息，主计算机管理某一方面的工作，并对下属计算机工作站或微型计算机发布指令和进行监控，计算机工作站或微型计算机承担单一的工艺控制过程或管理工作。目前，计算机辅助加工多是指机械加工，而且主要是数控加工（Numerical Control）。

（4）计算机辅助工艺过程设计。计算机辅助工艺过程设计（Computer Aided Process Planning, CAPP）的开发、研制是从 20 世纪 60 年代末开始的，在制造自动化领域，CAPP 的发展是最迟的部分。世界上最早研究 CAPP 的国家是挪威，始于 1969 年，并于 1969 年正式推出世界上第一个 CAPP 系统 AUTOPROS；于 1973 年正式推出商品化的 AUTOPROS 系统。在 CAPP 发展史上具有里程碑意义的是 CAM-I 于 1976 年推出的自动化工艺设计（Automated Process

Planning）系统。取其每个单词的第一个字母，称为 CAPP 系统。目前对 CAPP 这个缩写虽然还有不同的解释，但把 CAPP 称为计算机辅助工艺过程设计已经成为公认的释义。

CAPP 的作用是利用计算机来进行零件加工工艺过程的制定，把毛坯加工成工程图纸上所要求的零件。CAPP 是通过向计算机输入被加工零件的几何信息（形状、尺寸等）和工艺信息（材料、热处理、批量等），由计算机自动输出零件的工艺路线和工序内容等工艺文件的过程。

计算机辅助工艺过程设计也常被译为计算机辅助工艺规划。国际生产工程研究会（CIRP）提出了计算机辅助规划（CAP-Computer Aided Planning）、计算机自动工艺过程设计（CAPP-Computer Automated Process Planning）等名称，CAPP 一词强调了工艺过程自动设计。实际上国外常用的一些称谓，如制造规划（Manu Facturing Planning）、材料处理（Material Processing）、工艺工程（Process Engineer）以及加工路线安排（Machine Routing）等在很大程度上都是指计算机辅助工艺过程设计。计算机辅助工艺规划属于工程分析与设计范畴，是重要的生产准备工作之一。

由于计算机集成制造系统（Computer Integrated Manufacturing System，CIMS）的出现，计算机辅助工艺过程设计（CAPP）上与计算机辅助设计（CAD）相接，与计算机辅助制造（CAM）相连，是连接设计与制造之间的桥梁，设计信息只能通过工艺设计才能生成制造信息，设计只能通过工艺设计才能与制造实现功能和信息的集成。由此可见 CAPP 在实现生产自动化中的重要地位。

7. 逆向工程

在工程技术人员的概念中，产品设计过程是一个从无到有的过程，即设计人员首先在大脑中构思产品的外形、性能和大致的技术参数等，然后通过绘制图纸建立产品的三维数字化模型，最终将这个模型转入到制造流程中，完成产品的整个设计制造周期。这样的产品设计过程称为"正向设计"过程。

逆向工程产品设计可以认为是一个"从有到无"的过程。简单地说，逆向工程产品设计就是根据已经存在的产品模型，反向推出产品设计数据（包括设计图纸或数字模型）的过程。从这个意义上讲，逆向工程在工业设计中的应用已经很久。在早期的船舶工业中，常用的船体放样设计就是逆向工程的实例。随着计算机技术在制造领域的广泛应用，特别是数字化测量技术的迅猛发展，基于测量数据的产品造型技术成为逆向工程技术关注的主要对象。通过数字化测量设备（如坐标测量机、激光测量设备等）获取的物体表面的空间数据，需要利用逆向工程技术建立产品的三维模型，进而利用 CAM 系统完成产品的制造。因此，逆向工程技术可以认为是将产品样件转化为三维模型的相关数字化技术和几何建模技术的总称。逆向工程的实施过程是多领域、多学科的协同过程。逆向工程的整个实施过程包括了从测量数据采集、处理到常规 CAD/CAM 系统，最终与产品数据管理系统（PDM 系统）融合的过程。工程的实施需要人员和技术的高度协同、融合。

逆向工程关键的一步就是产品原形表面三维扫描的测量，如何精确快速地对产品进行三维数据的采集成为逆向工程当中最重要的工作部分。事先制造出木制或泥制模型，再利用三维测量技术采集数据，通过软件对数据进行处理，之后构建三维模型，利用快速成型技术进行加工、测量比对、模型修正工作，以确保最终的设计模型符合要求。采用逆向工程设计，可以在产品开模前检验装配关系，保证开模成功，从而降低产品开发风险与成本。

1）逆向工程含义

逆向工程（Reverse Engineering）是根据已有的物品和结果，通过分析来推导出具体的实现方法。三维实物模型通过数据采集系统将实物模型转化为三维数据，在 CAD 系统中加以整合修改，再转由 CAM 系统进行产品制造或模具加工。逆向工程大多用于汽车、摩托车等曲线比较复杂，难以直接准确利用三维软件表达出设计意图的设计。

2）逆向工程技术

逆向工程所应用的技术主要是反求技术。反求技术包括影像反求技术、软件反求技术及实物反求技术三个方面。目前研究最多的是实物反求技术。实物反求技术是研究实物 CAD 模型的重建和最终产品的制造。狭义上讲，逆向工程技术是将实物模型数据化成设计、概念模型，并在此基础上对产品进行分析、修改及优化。

反求技术是利用电子仪器去收集物体表面的原始数据，再使用软件计算出采集数据的空间坐标，并得到对应的颜色。扫描仪是对物体做全方位的扫描，然后整理数据、建立三维造型、格式转换、输出结果，整个操作过程可以分为四个步骤。

3）逆向工程实施原理

逆向工程技术不是一个孤立的技术，它和测量技术及现有 CAD/CAM 系统有着千丝万缕的联系。但在实际应用过程中，由于大多数工程技术人员对逆向工程技术不够了解，将逆向工程技术与现有 CAD/CAM 技术等同起来，用现有 CAD/CAM 系统的技术水平要求逆向工程技术，往往造成人们对逆向工程技术的不信任和误解。

从理论角度分析，逆向工程技术能够按照产品的测量数据重建出与现有 CAD/CAM 系统完全兼容的三维模型，这是逆向工程技术的最终实现目标。但是应该看到，目前人们所掌握的技术，包括工程上的和纯理论上的（如曲面建模理论），都还无法满足这种要求。特别是针对目前比较流行的大规模“点云”数据建模，更是远未达到可以直接在 CAD 系统中应用的程度。因此人们认为，目前逆向工程技术与现有 CAD/CAM 系统的关系只能是一种相辅相成的关系。现有 CAD/CAM 系统经过几十年的发展，无论是理论方面还是实际应用都已经十分成熟，在这种状况下，现有 CAD/CAM 系统不会也不可能为了满足逆向工程建模的特殊要求而变更系统底层。

此外，逆向工程技术中用到的大量建模方法完全可以借鉴现有 CAD/CAM 系统，而不需要另外搭建新平台。基于这种分析，可以认为逆向工程技术在整个制造体系链中处于从属、辅助建模的地位，逆向工程技术可以利用现有 CAD/CAM 系统，帮助其实现自身无法完成的工作。有了这种认识，人们就可以明白为什么逆向工程技术（包括相应的软件）始终不是市场上的主流，而大多数 CAD/CAM 系统又均包含逆向工程模块或第三方软件包这样一种情况。

4）逆向工程软件

逆向工程的实施需要逆向工程软件的支撑。逆向工程软件的主要作用是接收来自测量设备的产品数据，通过一系列的编辑操作，得到品质优良的曲线或曲面模型，并通过标准数据格式将这些曲线、曲面数据输送到现有 CAD/CAM 系统中，在这些系统中完成最终的产品造型。由于无法完全满足用户对产品造型的需求，因此逆向工程软件很难与现有主流 CAD/CAM 系统，如 CATIA、UG、Pro/ENGINEER 和 SolidWorks 等抗衡。很多逆向工程软件成为这些 CAD/CAM 系统的第三方软件。如 UG 采用 ImageWare 作为 UG 系列产品中完成逆向工程造型的软件，Pro/ENGINEER 采用 ICEMSurf 来作为逆向工程模块的支撑软件。此外还有一些独立的逆向工程软件，如 GeoMagic 等，这些软件一般具有多元化的功能。例如，GeoMagic 除了处理几何曲面造型以外，还可以处理以 CT、MRI 数据为代表的断层界面数据造型，从而使软件在医疗成像领域具有相当的竞争力。另外一些逆向工程软件作为整体系列软件产品中的一部分，无论数据模型还是几何引擎均与系列产品中的其他组件保持一致，这样做的好处是逆向工程软件产生的模型可以直接进入 CAD 或 CAM 模块中，实现了数据的无缝集成，这类软件的代表是 DELCAM 公司的 CopyCAD。下面介绍几种比较著名的逆向工程软件。

5）逆向工程设备

在产品的逆向设计中，产品三维数据的获取方法基本上可分为两大类，即"接触式"与"非接触式"，由于这两种方式各有优缺点，而且它们的结合可以实现优势互补，克服测量中的种种困难，因而世界各国的逆向设备生产商纷纷研制具有接触式与非接触式两种扫描功能的逆向设备。

三坐标测量机是一种接触式测量设备，具有精度高、重复性好等优点，其缺点是速度慢、效率低。非接触式方法利用某种与物体表面发生相互作用的物理现象来获取其三维信息，如光、电磁等。非接触式方法具有测量过程非接触、测量迅速等优点，其缺点是对所测量物体材料要求严格，如采用激光测量时，所测量物体材料要求不能透光，表面不能太光亮，而且对直壁和陡坡数据的采集往往存在一定误差。数据采集系统有三维照相采集、三维激光扫描、接触式探头扫描采集和三维旋转光栅式扫描等。

逆向工程技术在模具行业中的应用从逆向工程的概念和技术特点可以看出，逆向工程的应用领域主要是飞机、汽车、玩具和家电等模具相关行业。近年来随着生物、材料技术的发展，逆向工程技术也开始应用在人工生物骨骼等医学领域。但是其最主要的应用领域还是在模具行业。由于模具制造过程中经常需要反复试冲和修改模具型面，若测量最终符合要求的模具并反求出其数字化模型，在重复制造该模具时就可运用这一备用数字模型生成加工程序，从而大大提高模具生产效率，降低模具制造成本。

逆向工程技术在中国，特别是在生产各种汽车、玩具配套件的地区和企业有着十分广阔的应用前景。这些地区和企业经常需要根据客户提供的样件制造出模具或直接加工出产品。在这些地区和企业，测量设备和 CAD/CAM 系统是必不可少的，但是由于逆向工程技术应用不够完善，严重影响了产品的精度以及生产周期。因此，逆向工程技术与 CAD/CAM 系统的结合对这些地区和企业的应用具有重要意义。

8．模型（样机）制作

1）模型的含义

模型是根据实物、设计图样或构思，按比例、生态和其他特征制成的与实物相似的一种物体。模型的作用是记录构思，研究形态，分析结构即形态设计的造型结构、基本形态的连接和过渡，产品功能部件的布置安排，运动构件之间的配合关系等，获得试验数据，讨论交流，展示评价。通过样机模型可以检验产品的造型设计、结构图样和零部件的装配关系，并可通过对真实尺寸的观察，对产品外观设计做最后的调整和修改，对于一些机能性比较强的产品，有时要通过样机来检测产品的技术性能和操作性能是否达到预定的设计要求。

2）模型的分类

从模型在设计各阶段的作用分，可以分为草模型、概念模型和样机模型三种。

（1）草模型。草模型是设计师在产品的构思阶段用来推敲产品的空间尺度、人机关系和产品结构的可行性的手工模型，一般用纸、油泥、石膏、泡沫等易加工成型的材料制作。这是在方案构思阶段，为了验证工作原理的可行性而制作的一种产品雏形，是产品初步框架。这种模型比较简单，与最终产品相比可能相差很大。在确定设计效果图后，进行汽车油泥模型（比例1:5）制作。

（2）概念模型。概念模型在外观上很接近最终的产品，但不包括内部构造，它可用于设计师对产品造型的细节推敲。概念模型是在草模的基础上侧重对产品造型的考虑制作的模型。用概括的手法表示产品的造型风格、布局安排，以及产品与人、环境的关系等，从整体上表现产品造型的整体概念。

（3）样机模型。样机模型是指设计的最终实体结果。它尽可能具有真实感，能体现产品投放市场后的真实效果，如外观质量、材料质地、使用方式等。样机模型是在生产之前制作的，和设计的产品外观一样，并装有机芯，是可以真实工作的产品模型，其目的是用于最后的产品直观评价和生产风险的检测，主要用于检验设计是否正确，发现设计中的问题，并为后期生产做好准备。样机模型是设计师推敲和检验设计的重要手段。作为样品，为研究人机关系、结构、制造工艺、外观等提供实体形象，并可直接向委托方征求意见，为审核方案提供实物依据。有时也用于参加各类展示活动和订货洽谈会，因此产品各部分的细节要表现得非常充分。

3）模型（样机）的制作

应对不同阶段产品设计的要求，模型的制作需求不同，其制作工艺也不相同。草模型和概念模型要求较低，其主要依赖于手工制作，模型制作运用木材、石膏、树脂等材料，采用合适结构及相应的加工工艺和三维实体的表现方法，来表达产品的设计构思和模拟产品的形态结构。产品样机模型的制作较为复杂，制作精度要求较高。产品造型由于受到使用功能、内部结构和成型材料、加工工艺等条件的制约，对尺寸性、平整度等都有严格的要求。因此在进行样机模型制作时，要对尺寸进行严格的校正。

目前常用的制作产品样机模型的方法有：快速成型（RP）技术和数控机床（CNC）加工成型。

（1）快速成型（RP）技术。快速成型技术又称快速原型制造技术（Rapid Prototyping Manufacturing，RPM）是近年来发展起来的根据计算机数字文件快速生成模型或零件实体的技术总称。用这种技术制作产品样机模型主要是用激光片层切割叠加或激光粉末烧结技术生成产品的模型或样件。这种技术的优点主要是速度快，模型的造价几乎和产品的复杂程度无关，加工复杂的形态也非常容易。3DSystems 公司于 1988 年推出的最早的 SLA250RP 激光快速成型机，它以光敏树脂为原料，通过计算机控制紫外激光使其凝固成型。

RP 技术是在现代 CAD/CAM 技术、激光技术、计算机数控技术、精密伺服驱动技术以及新材料技术基础上集成发展起来。其成型的类型主要有 SLA、SLS 等。不同种类的快速成型系统因所用成形材料不同，成形原理和系统特点也各有不同。但是，其基本原理都是一样的，那就是"分层制造，逐层叠加"，类似于数学上的积分过程。形象地讲，快速成型系统就像是一台"立体打印机"，有的称为"三维打印机"。RP 技术的优越性显而易见：它可以在不使用任何加工刀具的情况下，接受产品设计（CAD）数据，快速制造出新产品的样件、模具或模型。根据零件的复杂程度，这个过程一般需要 1～7 天的时间。因此，RP 技术的推广应用可以大大缩短新产品开发周期、降低开发成本、提高开发质量。由传统的"去除法"到今天的"增长法"，由有模制造到无模制造，这就是 RP 技术对制造业产生的革命性意义。

RP 技术的具体实现过程是：将计算机内的三维数据模型进行分

层切片得到各层截面的轮廓数据，计算机据此信息控制激光器（或喷嘴），有选择性地烧结一层接一层的粉末材料（或固化一层又一层的液态光敏树脂，或切割一层又一层的片状材料，或喷射一层又一层的热熔材料或黏合剂）形成一系列具有一个微小厚度的片状实体，再采用熔结、聚合、黏结等手段使其逐层堆积成一体，便可制造出所设计的新产品样件、模型或模具。自美国 3D 公司 1988 年推出第一台商品 SLA 快速成型机以来，已经有十几种不同的成形系统，其中比较成熟的有 SLA、SLS、LOM 和 FDM 等系统。

（2）数控机床（CNC）加工成型。数控机床（CNC）是计算机数字控制机床（Computer Numerical Control）的简称，是一种由程序控制的自动化机床。1952 年，美国麻省理工学院首先研制成数控铣床。数控的特征是由编码在穿孔纸带上的程序指令来控制机床。此后发展了一系列的数控机床，包括称为"加工中心"的多功能机床，能从刀库中自动换刀和自动转换工作位置，能连续完成锐、钻、铰、攻丝等多道工序，这些都是通过程序指令控制运作的，只要改变程序指令就可改变加工过程。该控制系统能够逻辑地处理具有控制编码或其他符号指令规定的程序，通过计算机将其译码，从而使机床执行规定好了的动作，通过刀具切削将毛坯料加工成半成品或成品零件。CNC 是高度机电一体化的产品，工件装夹后，数控系统能控制机床按不同工序自动选择、更换刀具，自动对刀，自动改变主轴转速、进给量等，可连续完成钻、镗、铣、铰、攻丝等多种工序，因而大大减少了工件装夹时间、测量和机床调整等辅助工序时间，对加工形状比较复杂，精度要求较高，品种更换频繁的零件具有良好的经济效果。

CNC 加工成型按其加工工序分为镗铣和车削两大类，按控制轴数可分为三轴、四轴和五轴加工中心。

CNC 在机械加工业用处广泛，技术相对成熟，用于手板加工效果以及精度极高，为目前首先考虑的手板加工手段。

计算机数字控制机床简称数控机床的出现为样机制造提供了更好的技术支持，使得制作和产品模型一模一样的样机成为可能。其优点是样机模型打磨后表面质量很高，可以使用和真实产品完全一致的材料，机构强度好，可以制成真正意义上的样机。这种方法正在被越来越多的企业和设计师所使用。数控技术操纵的机器设备处理的是设计研讨后的最终参数模型，可以使原创性得以完整体现，避免了传统手工制作时人为性的信息损失；提高了加工精度，加工时间大大缩短；设计初期就导入参数化的理念，使得设计和试制在一个共同的数字平台上进行，为并行工程的导入提供了技术支持。设计的同时可以进行样机生产，也可以在样机制作过程中修改设计，优化结构和功能。

三、产品开发设计程序

（一）产品开发设计的准备

1. 产品开发设计的目的和意义

（1）产品开发设计的目的。产品开发的终极目的是给企业创造利润，只有生产出适销对路的产品，开发的产品才能获得最大限度的利润；反之，如果开发的产品不符合市场需求或客户要求，必然会造成产品积压，从而导致厂家破产倒闭。所以，产品开发设计对于厂家来说具有极其重要的意义。

用户的需求对于产品开发有着重要的导向作用，号称"经营之神"的松下幸之助深知这一道理。他常说："我们每天都要测量顾客的体温。"松下公司精心挑选组织的23000名调查员，使松下公司能及时、准确地把握顾客的脉搏和动向，开发的产品始终具有市场占有率。

（2）产品开发设计的意义。新产品开发是企业盈利和增强竞争力的重要手段。要进行新产品开发企业应当培育自身的研发力量，充分利用生产和经营的资源，使研发和创新成为竞争优势的源泉，成为企业盈利的核心动力。另外，具有自主创新能力的企业会在客户群中具有良好的美誉度，从而提升企业形象。

新的产品开发可以是技术驱动的，也可以是需求驱动的。所谓技术驱动式的产品开发，是指新技术出现带动产品的变革。比如数码成像技术出现后，传统的胶片相机就逐渐被淘汰了，取而代之的是形态各异的数码相机。瑞士曾是钟表王国，瑞士钟表业已经有400多年历史，闻名于世。瑞士机械钟表，做工精细，质量上乘，是瑞士表的拳头产品。但是，价格高昂、有时差，则是瑞士表的弱点。日本人敏锐地抓住了这个制约手表制造业发展和市场开拓的致命弱点，研制开发出走时极其准确，价值十分低廉的电子石英表。日本生产的普通电子石英表，每个月走时误差不超过15秒，要远远优于复杂精密的传统机械钟表。日本现已成为世界上最大的钟表生产国，而这巨大的成就首先得归功于物美价廉的石英表的成功开发。

需求驱动式的产品开发是由用户的需求作为产品开发的原动力。用户的需求可以分为"主体需求"和"引导需求"两种。主体需求是指用户对于产品功能的刚性需求，或者是由于产品的正常循环淘汰所产生的补充性的需求；而"引导需求"是指厂家通过优秀的工业设计为用户创造出美好的"用户体验"引导消费者进行消费，从而为企业创造价值。

比如对于汽车的更新换代，一些汽车企业推出的新换代车型只是在原有车型基础上进行机构或者外形上的小调整，就以"新一代"的旗号推向市场，这是增强产品竞争力的行之有效的方法。一方面，对于产品的改良可以使产品更加完善，为目标用户创造良好的"用户体验"，从本质上增强产品的竞争实力；另一方面，每推出新一代的车型都可以在媒体上大做广告，增加产品在用户视野中的出镜率，从而获得用户对于产品的认同。比如韩国现代索纳塔换代车型，新款造型流线型造型更加突出，整体更加饱满，从而赢得了消费者的青睐。只有不断地对现有产品进行改良，或者根据用户需求进行新的产品开发才能使产品的功能更加符合用户的使用需求，才能建立良好的品牌形象，增强产品的竞争力。

2. 产品开发设计应具备的条件

虽然新产品开发对于产品竞争实力的增强具有重要意义，但人们也应当清晰地看到，开发新产品是一个现代公司最具风险的活动之一，许多公司花费在新产品开发上的资金和人力会付之东流。

残酷的现实表明，大部分的新产品未能进入市场，其失败率为25％～45％。产品发展和管理协会（PDMA）指出，目前新产品进入市场的成功率只有59％。对一些经济实力不强的小企业来说，重点产品开发项目失败就意味着破产。所以人们在进行产品开发之前应当做好充分的准备，以降低新产品开发失败的风险。

提高新产品开发成功率应当具备的条件有以下几点。

（1）充足的开发成本。新产品开发需要投入大量的时间、资金和精力。很多小企业不具备开发新产品的客观条件。因此，想要开发新产品，首先企业应当对于自身的情况有清晰的认识，在开发新的产品之前应当进行自检，看看自身的条件是不是适合于进行大规模的新产品开发。如果资金储备、科研实力还未达到要求，就盲目地进行产品开发，不仅不会给企业带来效益，还很有可能会造成企业资金断链，使得企业陷入僵局。

（2）正确的产品开发决策。新产品开发成功与否很大程度取决于产品开发决策，定位准确会事半功倍，相反可能会造成产品开发的失败。这就要求决策者具有丰富的产品开发经验，敏锐的市场洞察力和缜密的思维判断能力。

产品开发决策应当客观理性。企业领导层的决策应当建立在准确的市场数据之上。市场部门需要进行专业细致的市场调研，提供翔实可靠的市场数据。切忌领导根据自身喜好，不顾市场现状，强行推进领导个人喜爱的产品方案，最终因为偏离目标消费者的需求造成产品开发失败。

产品开发决策应当具有宽阔的视野。由于世界经济一体化进程的加快，信息社会的到来，一个企业花费大量人力、物力、财力开发的新产品，在另一个国家或企业也许已经是普通产品，甚至是落后产品，因此造成了人力、物力、财力的浪费。

（3）政府政策的导向。政府根据经济发展和政治的需要会推进、扶持某些产品开发项目也会限制某些项目。在进行产品开发定位之前有必要对于政府的相关政策进行了解，少走弯路。

例如，为了保护环境，国家制定了关于治理小企业的一些措施，强制一些小型造纸、化工、矿产等对环境污染严重，对资源浪费严重的企业关闭。这些企业的关闭并不是市场竞争失败导致的，而是产业结构调整导致的。

政府制定公共产品标准。为了规范行业发展，政府会强制制定一些公共产品的生产标准。如果对于相关规定不了解，闭门造车，进行产品开发，会不符合相关的要求，从而影响新产品开发的进度。

（4）合理的研发团队配备。一个优秀的产品并非企业一个部门的功劳展示。产品开发是一个复杂且繁琐的系统工作，需要由几个部门跨领域合作。因此在进行产品开发前应当整合人力资源，搭建合理的研发团队，这样新产品的创新和研发才具有可行性。

从宏观的角度讲，研发团队应当包括"市场部"和"研发部"。其中"研发部"又包括"产品外观部"和"产品结构部"。"产品外观部"负责产品概念设计、产品造型设计、人机交互设计、用户体验设计、产品模型制作等。产品结构部门负责产品的机械设计、模具设计、电路设计、软件设计等。

（5）对竞争对手进行了解。市场竞争是异常残酷的，企业在市场竞争中免不了要和同行进行博弈。在进行新产品研发时应当时刻留意竞争对手的产品开发动向，通过细分市场的选择避免与其发生正面碰撞。

如果与竞争对手所开发的新产品针对的是同一细分市场，就要加快产品开发的脚步，争取先入为主地占领细分市场。加快产品开发可以借助 CAD（计算机辅助设计）、CAE（计算机辅助工程）、CAM（计算机辅助制造）、CAPP（计算机辅助工艺）等技术，或者在开发流程上采用先进的管理理念（如并行设计）来实现产品的敏捷化生产和柔性生产。但需要强调的是：加快产品开发速度绝不能以损害产品质量为代价。

（6）掌握科技发展动向。重视新科技对于产品开发的影响。新科技的发展能够带动"技术驱动式"的产品革新。当科技在某个环节有了重大突破时，就应当考虑进行新产品的研发，占得市场先机。

例如，2009 年 4 月，美国 PureDepth 公司宣布研发出改进后的裸眼 3D 技术——MLD（Multi-Layer Display 多层显示），这种技术能够通过具有一定间隔的相互重叠的两块液晶面板，实现在不使用专用眼镜的情况下，观看文字及图画时也能呈现 3D 影像的效果。这种裸眼 3D 技术对于传统二维屏幕产品是一种颠覆，很多企业也开始着手推出相关的产品，如东芝成功开发裸眼 3D 电视，在市场上大获成功。

3．产品开发设计的基本思路

产品开发可以分为宏观和微观两个方面。宏观是指产品开发的策略；微观是指产品开发的具体实施方法。在产品开发前首先应该进行开发策略选择，在策略的指导下再进行开发团队的组建和具体设计的实施。

产品自上而下的开发设计程序为从市场需求——市场分析——产品开发策略——产品概念设计——产品造型设计／产品结构设计——产品方案定稿——样机试制——试销——正式投产上市——市场反馈。

新产品开发的最终目的是希望产品能有好的销量从而为企业创造利润，增强企业的实力。因此新产品开发应当以市场需求为导向，以用户需求为设计出发点。这样才能设计出符合市场需求和用户需要的产品，然而仅仅只符合这些条件离产品开发成功还有很大的距离。人们在进行实际的产品开发之前还应当根据自身的情况、市场的环境和竞争对手的情况来制定产品开发的策略，这样能够增加产品开发的成功率。常用的策略有：

（1）先入为主式策略。先入为主式策略是指企业所开发的产品能够率先进入细分市场。人们有这样一种观念，最早出来的产品才是正宗的，后面跟进的产品都是对其进行仿造的，质量上和品牌上都存在差距。这也就是人们常说的"先入为主"的观念。因此如果有条件，应当率先占领市场，从产品的认可度上占得先机，引导消费者的品牌偏好。如果有竞争企业跟进，就需要不断地对产品进行升级改良，后进入的产品就只能疲于追赶，无法形成正面竞争。这样不仅能够给企业带来丰厚的利润，而且能拉动竞争者进行被迫的新产品更新，从而蚕食其利润空间。

如乔布斯领导的苹果公司创造了平板电脑"iPad"，在全球引起平板电脑的风潮。众多企业跟风而上，其中也不乏具有实力的电子巨头。虽然其他企业所生产的平板电脑从质量、功能用户体验等各方面与 iPad 不相伯仲，但消费者并不买账，销售业绩远不如 iPad。

先入为主策略适合有实力的"稳健性企业"，要求企业不仅能够对市场做出理性的分析和具有前瞻性的判断，而且需要能够在前期研发中投入足够的资源，保证产品进入市场的速度。当企业与竞争对手形成了竞争关系后，便能持续的更新升级，从而守住自己产品的优势地位。如果自己的产品没有核心技术，缺乏绝对竞争力，而且缺乏后期的研发投入，就很有可能被有实力的企业采用模仿策略轻松超越。

（2）跟进式策略。先入为主会占有竞争的主动，但中小企业由于经济实力和科研投入等问题难以实施先入为主的产品开发策略。在竞争对手的新产品进入市场后可以采用模仿跟进的策略来分一杯羹。跟进时，在模仿先入产品的基础之上应当有所创新和提高，否则很容易成为消费者眼中的"山寨"产品。

跟进式策略的优点：一是能够绕过前期数额巨大的科研投入；二是可以避免由于消费者对于新产品认可度不高而带来的市场风险。缺点是品牌认可度不高，会被认为是先入为主产品的模仿，会对产品的品质产生怀疑。

如九阳豆浆机是家用豆浆机的开创者，让消费者在家就能很容易地制作出香浓可口的豆浆，一时间风靡全国，获得了巨大的经济效益。其他家电品牌也纷纷效仿推出各种功能的家用豆浆机，不仅可以制作豆浆还能制作米糊、果汁，丰富了产品系列，形成了百花齐放的市场格局，在家用豆浆机细分市场中均有获利。但九阳豆浆机的产品认可度已经形成，因此其市场统治地位一直没有被后跟进者动摇。

（3）系列化的产品开发策略。开发产品需要投入大量的资金，而且会面临市场风险。因此，可以在已开发成功的产品的基础上进行产品系列的拓展。这样不仅可以借助原有成功产品的影响力助推新产品的销售，而且可以避免市场风险，减少新产品的研发投入。如果系列产品开发成功，还能够增加消费者对于该品牌的美誉度，助推下一代新产品的销售，形成良性的市场循环。

在选择不同策略的基础上，企业应根据具体情况选择相应的产品开发机制。

以上是宏观角度的产品开发思路，在宏观思路的指导之下可以进行具体的产品研发。具体来讲，一般要经历以下阶段：市场调研、产品概念设计、产品初步设计、方案定稿、样机试制、试销、产品量产、正式上市和市场反馈。

4．产品开发设计的程序类别

产品开发设计中所包含的环节非常多，这些环节所进行的先后顺序称之为产品开发设计程序。企业可以根据自身的条件、开发项目的特点等因素选择具体的产品开发设计程序。企业经常采用的产品开发设计程序大体可以分为三种：第一种是串行程序设计；第二种是并行程序设计；第三种是自由组合式程序设计。

（1）串行程序设计。串行程序设计是指产品开发设计的各个环节按照逻辑先后顺序进行，一个部门的工作完成后交予下一个部门来完成。

串行程序设计的好处是能够确保新产品开发设计过程中可能出现的问题或难点，都在事前经过详细的评估和修正，因此风险控制力较强。

串行程序设计虽然可控性非常强，但其缺点也很明显，其具体表现为：

①所付出的时间与成本相对比较高。

②模式的弹性与灵活性相对较低。

③各下游开发设计部门所具有的知识很难参与到早期的设计之中。

④各部门的评价标准差异和认知差异会降低整体开发的效率。

⑤部门之间沟通不畅，重复劳动过多。

一般在市场情况变化不大，企业组织比较完备，产品开发有充足的时间和资源支持下，对那些不确定因素较高的全新产品，串行程序设计是较常采用的开发设计模式。

（2）并行程序设计。串行程序设计的最大缺点就是开发周期长，当今的市场竞争非常激烈，市场商机稍纵即逝。如果开发周期过长就会错过最佳产品投放时机，从而造成产品开发的失败。为了弥补串行程序设计所存在的缺点，企业往往会采用并行程序设计。

并行程序设计强调各阶段各领域专家共同参加的系统化产品开发设计方法。强调授权与学习的组织特色，并以有关部门的人员整合成的独立项目团队的方式来运作。其目的在于将产品的设计和产品制造的可行性、可维护性、质量稳定性等各方面问题通盘进行考虑，减少各个设计环节的孤立性，避免不合理因素的影响，通过组织和协调尽最大可能将所有程序并行，以缩短开发时间。

并行程序设计的主要思想包括：

①设计时同时考虑产品生命周期的所有因素。

②设计过程中各活动并行交叉进行。

③不同领域技术人员的全面参与和协同工作。

④高效率的组织协调。

并行工程的内涵是利用计算机的数据处理、信息集成和网络通信，发挥参与人员的集体力量和团队精神，将新产品开发研究设计和生产准备的各种工程活动尽可能并行交叉地进行，以缩短周期，提高质量。并行工程原理看似简单，但要实施会遇到很多问题，需要信息化技术作为辅助支撑。并行程序设计的主要支撑技术有以下几种：

①计算及辅助 4C 系统（CAD、CAE、CAPP、CAM）。计算机辅助设计（CAD）是指利用计算机及其图形设备帮助设计人员进行设计工作。计算机以其高速的计算性能及针对性的功能设计，简小设计人员的工作量；在计算机的帮助下设计人员可以快速地检索、查询、修改设计信息。当设计者的方案构思完成后可以由计算机方便地完成草图到成稿过程，并在各个环节之间形成联动，方便设计人员对设计方案进行判断和修改。

计算机辅助工程（CAE）是指用计算机辅助完成复杂工程和产品结构强度、刚度、屈曲稳定性、动力响应、热传导、三维多体接触、弹塑性等力学性能的分析计算以及结构性能的优化设计等问题，是一种近似数值分析方法。CAE是分析连续力学各类问题的一种重要手段。随着计算机技术的普及和不断提高，CAE系统的功能和计算精度都有很大提高，各种基于产品数字建模的CAE系统应运而生，并已成为结构分析和优化的重要工具。

计算机辅助工艺过程设计（CAPP）是指借助于计算机软硬件技术和支撑环境，利用计算机进行数值计算、逻辑判断和推理等的功能，来制定零件机械加工工艺过程。借助于CAPP系统，可以解决手工工艺设计效率低、一致性差、质量不稳定、难以优化等问题。

计算机辅助制造（CAM）的核心是计算机数值控制（简称数控）。CAM可分为快速成型（Rapid Prototyping，RP）和数控机床（CNC）。关于RP和CNC的相关知识本书有详细介绍，这里就不再赘述。

②反向工程。反向是针对正向而言的，正向工程是指先有设计数据再有实物。而"反向"工程是指直接从模型或实物获得数控加工数据，再通过数控加工生成零件图纸的一种技术。反向工程可以将手工产品甚至艺术品在短时间内进行复制，完成批量生产。近年来出现的数字化描形系统是反向工程中的关键技术。

③快速出样技术。快速出样技术又被称为快速原型制作，是在CAD/CAM技术支持下，采用黏结、熔结、聚合作用或机械加工等手段，通过CAM设备快速将数字模型制作成实物零件的技术。快速出样技术可以实现产品的柔性化设计和敏捷化设计，也可以在产品开模之前检查产品的合理性，避免造成大的浪费。在并行程序设计中，快速出样技术所制作出的模型是各部门沟通交流的重要依据。

④虚拟产品制造与开发。虚拟技术可以对想象中的制造活动进行模拟，它不消耗现实资源和能量，所进行的过程是虚拟过程，所生产的产品也是虚拟的。虽然整个过程都是虚拟的，但是虚拟的过程是基于对于现实条件的分析和真实情形的模拟，因此结果是具有

可参照性的。并行程序设计过程中各部门可以将自己所做的工作在虚拟环境下进行配合、调试，从而协调各部门的工作，避免工作重复与冲突。虚拟技术的出现为并行程序设计的实现提供了重要的技术支持。

⑤全面质量控制体系。全面质量控制体系（Total Quality Management，TQM）是指建立质量管理的全局观，以宏观的角度要求企业中所有部门、所有组织、所有人员以产品质量为核心，把专业技术、管理技术、数据管理统计技术集合在一起，建立起全面、科学、高效的质量保证体系，控制生产过程中影响质量的因素，以最经济的办法提供满足用户需要的产品的全部活动，以产品质量控制来实现企业的规划目标。全面质量控制的特点是全面控制产品设计和生产中的质量因素，全过程的质量监控和管理，全员参与的质量管理。

通过建立全面质量控制体系可将并行程序设计各部门的工作进行控制，通过全程的质量控制来保证最终产品的质量。全面质量控制下生产出的产品在使用过程中故障率低，返修率也低。在达到报废期后各零件同时报废，使消费者重新进入市场消费环节，以此来增强市场活性。

（3）自由组合式程序设计。这种企业允许多种类型的产品开发程序，只要有成功的机会，企业将放手各部门或各成员独立自由地进行产品研发。这种开发模式适合需要开放性思维的企业，如游戏公司、设计公司等。

这种产品开发方式的优点非常鲜明，不会因为程序限制新产品开发设计的机会，通过充分的放权来激发个人创意的潜力，运用得当会有出人意料的效果。但自由组合式程序设计也是一柄双刃剑，如果没有有效的组织纪律约束，企业将会付出较多无效率的工作的代价。

（二）产品开发设计的程序与方法

新产品开发是一项极其复杂的工作，从根据用户需要提出设想到正式生产产品并投放市场，会经历许多阶段，涉及面广、科学性强、持续时间长，因此必须按照一定的程序开展工作。只有这些程序之间互相促进、互相协调，才能使产品开发工作顺利地进行。产品开发程序是指从提出产品构思到正式投入生产的整个过程。产品开发设计可以分为三个阶段。

（1）设计阶段：市场调研、产品概念设计、产品初步设计、方案定稿、样机试制。

（2）生产阶段：模具制作、产品量产。

（3）投放市场：试销、正式上市和市场反馈。

由于行业的差别和产品生产技术的不同，特别是选择产品开发方式的不同，因此新产品开发所经历的阶段和具体内容并不完全相同，但其主要环节是相同的。由于篇幅的限制，本节仅对产品开发设计中的"设计阶段"所包含的内容进行介绍。

1．市场调研与分析

企业的市场部门平时需要搜集大量的市场信息，这些信息应当做到客观准确，以便企业决策者能够从中发现市场空白，提炼出用户需求，从而做出产品研发的判断。在产品研发初步方向确定后，市场部门还需要有目的地搜集具体信息，方便决策者对初步判断进行深入分析，确保产品研发定位的准确性。

1）市场调研的内容

除了传统的市场研究内容外，工业设计行业还会调查一些不同的内容，作为对科学化的、以数理统计为基础的传统市场研究方法的补充。其信息搜集的侧重点倾向于以下几个方面：

（1）人口环境。人口环境包括人口数量、家庭户数及其未来变化的趋势、各年龄段人口数量和比例。人口变化对产品的定位和市场决策有重大影响。

例如，2007年被渲染成中国60年一遇的金猪年，因此大量的年轻父母选择在这一年生育，希望生个金猪宝宝。尼尔森的研究报告称：预计2007年中国母婴产品销售额能达到7500亿元规模，仅奶嘴、奶瓶的销售额就高达 350 亿元左右。（举例内容来自于 http://news.sohu.com/20070327/n249002657.shtml）

（2）经济因素。经济的发达程度，影响着该地区消费者的购买能力和购买欲望，因此经济发达程度决定着新产品的市场定位，并对产品开发决策起着重要的引导作用。在常规市场调查中，常见的经济指标包括国内生产净值（Gross Domestic Product，GDP）、社会商品零售总额及人均社会商品零售额、居民存款余额及人均存款余额、居民人均年收入。

奢侈品已经全面进军中国。日本内阁 2010 年 2 月 14 日公布了 2010 年日本国内生产总值（GDP）为 54742 亿美元，而中国的 GDP 为 58786 亿美元，这意味着中国首次超过日本，成为世界第二经济大国。经济实力格局的改变带动消费的改变。国际知名咨询机构贝恩顾问有限公司与意大利奢侈品生产者协会在 2010 年 5 月合作发布全球奢侈品市场报告显示，2010 年全球奢侈品市场规模达 1720 亿欧元（约 2540 亿美元），中国已经超过日本成为全球第二大奢侈品消费国。

（3）社会文化。社会文化影响着人们的生活方式、价值观念和消费习惯，是社会生活中深层次的部分，从根本上决定着市场的格局。在崇尚节俭的社会风气影响下，以最低的价格换取功能或者质量的最大化是市场价值的体现。这就要求产品要降低成本，降低售价，以满足消费者的市场需求。在物质极大丰富的消费人群中会形成特殊的细分市场，在这一市场中产品功能和质量只能作为满足用户需求的最低保证，用户在选择产品的时候更多考虑使用体验和使用产品时所带来的附加价值，如社会地位的体现、自我价值的实现等。

（4）科学技术。科学技术的进步是促进新产品出现、老产品消亡的决定性原因。新技术的出现可以使一个默默无闻的小企业一夜之间成为商业巨头，也可以让商业帝国瞬间崩塌。

作为胶片时代当之无愧的霸主，柯达是全球为数不多的百年老店之一。在胶卷摄影时代，柯达曾占全球 2/3 市场份额，130 年攒了 1 万多项技术专利。在巅峰时期，柯达的全球员工达到 14.5 万。它吸引了全球各地的工程师和科学家前往其纽约州罗切斯特市的总部工作，很多专业人士都以在柯达公司工作为荣。但进入数字时代后，柯达却固守自己的胶片市场，不思改变。2007 年柯达传统影像部门的销售利润就从 2000 年的 143 亿美元锐减至 41.8 亿美元，跌幅达 71％。2012 年1 月 19 日美国伊士曼柯达公司宣布已在纽约州申请破产保护。富有戏剧性的是打倒这个巨人的竟然是自己的一个发明。1975 年，美国柯达实验室研发出了世界上第一台数码照相机，但由于担心胶卷销量受到影响，柯达一直未敢大力发展数码业务。这不思改变的决策最终导致柯达帝国的破产。

2）市场细分

市场细分是 20 世纪 50 年代中期提出的概念，在此之前企业认为消费者是无差别的。生产的产品针对的是市场上所有的消费者，认为只有将市场定位最大化才能获取最大的经济收益。在物资匮乏的市场时代，这种笼统的销售哲学确实为企业带来了巨大的收益。但随着经济的发展和市场竞争的加剧，企业的利润受到冲击。这时企业不得已将市场进行细分，进行精细化营销，为细分的市场进行分渠道的宣传和营销，以这样的方式在竞争激烈的市场中将自身的利润最大化。市场细分如今已经成为企业营销的共识，市场被进行了细致的划分，企业都在市场这块大蛋糕上寻找着属于自己的那一块。

例如，德国的奔驰汽车主要针对的目标消费人群是高端商务领域的成功人士或者政府要员，对于普通民众一直没有适销的车型。最近，奔驰针对时尚白领这一细分市场又推出了 Smart 这一微型车，使得奔驰的受众领域得以拓宽。奔驰 Smart 品牌负责人 Mr.Jenson 对于 Smart 的受众人群有这样的描述：Smart 的目标消费人群有四组，第一组是买第一辆车的，他觉得物有所值就买了；第二组是整天在城市里生活，有可能在没有 Smart 的情况下，他根本就没有想到要买一辆车，但看到 Smart 很酷就买了一辆；第三组是买第二辆、第三辆车的人，因为 Smart 在城市里运行是非常便利的，所以一周 7 天都在开 Smart；第四组就是大家所谓的空巢，这种家庭基本都是老年人（60 岁、70 岁），对他们来讲也是第一次买车，买的就是 Smart。定位的准确使 Smart 在市场中得到追捧。

常见的市场细分标准有以下几种：

（1）地理因素。由于生活习惯、生理特点、社会文化的差异，不同地域的消费者会显示出不同的消费观念。对于市场细分来说地理因素是一个重要的细分标准。但同一地域的消费者也会显示出千差万别的需求，因此地理因素只能作为其中一个衡量标准。在此基础之上还需要考虑其他的因素，如性别、年龄、收入等。

（2）人口统计因素。人口统计不仅包括人员数量还包括很多其他因素，其中性别、年龄、教育程度、职业、家庭规模是最常用的市场细分标准。消费者对于产品的需求往往与人口统计因素有密切关系。

（3）心理因素。心理因素的细分是建立在价值观念和生活方式基础上的。心理特征和生活方式是新环境下市场细分的一个重要维度。经济基础和教育环境等因素导致消费者的消费心理存在很大的差异。心理状态直接影响着消费者的购买趋向。在经济收入较低的消费人群中，以最优惠的价格获取最大的功能，是这一人群对于价值的认同。但在比较富裕的社会中，顾客购买商品已不限于满足基本生活的需要，心理因素左右购买行为较为突出。在物质丰裕的社会，需求往往从低层次的功能性需求向高层次的体验性需求发展，消费者除了对商品的使用价值有要求，对于品牌所附带的价值内涵和社会地位体现也有所要求。

3. 定位目标市场

企业在细分市场后，需要对各个细分市场进行综合评价，并从中选择有利的市场作为产品销售的主要市场，这种选择确立目标市场的过程叫作定位目标市场。

企业要开发一款新的产品需要付出一定的成本代价，因此目标市场的选择就需要有足够的潜力，如果市场潜量小或者竞争过于激烈就有可能造成产品开发失败。进行目标市场定位，必须首先对要选择的细分市场进行经营价值的评价，细分市场必须是可测量的，这就是说，细分出的市场规模（人口数量）、购买力、使用频率等要素都是可测量的，必须用真实的数据作为参考，凭感觉做出的决策有可能会造成巨大的损失。

（1）估计该细分市场的市场规模和市场潜量，市场规模和市场潜量是随着推销努力而不断地增加。在选择细分市场时应该进行市场潜量的预估，如果市场潜量能够达到预估值就可以进行产品的研发及营销，相反就要调整开发计划，避免造成大的损失。

（2）估计企业在该市场上可能获得的市场占有率。企业应当评估细分市场中竞争对手的情况，在一般情况下，企业应该选择竞争者比较少或者相对于竞争对手自身具有明显优势的目标市场，这样企业才会有较大的利润空间。

（3）核算成本和利润，看看能否盈利。利润是企业的终极目标，因此选择目标市场时，必须进行详尽的调查和考核。企业只有科学严谨地对细分市场做深入细致的考核后，才能结合自身特点，决定是否选择这一细分市场。

4．目标市场的确定方法——反义概念框架图法

这项作业首先是从收集相关产品样本资料开始，样本覆盖面要全，数量要足够多，这样调查分析才有参考价值。将各种产品的功能和用途进行分类。就功能和用途设定几个能够涵盖市场倾向的关键词，并以其为基准将产品进行分类。实际做法是：

（1）使用李克特（Likert）量表对被调查的产品样本进行属性定位，被调查对象可以选择有代表性的目标消费者来进行属性定位。被调查者在符合自己感受的选项下画钩。

（2）建立一个由 X 轴和 Y 轴构成的概念框架，分别在 X 轴和 Y 轴两端配置反义关键词。这样便可以对产品分布情况进行比较分析，从而掌握市场倾向。

（3）将处理后的被调查样本放入反义概念框架中，观察现有产品的属性分布，并寻找市场空白。

这种方法在市场细分中广为应用。产品分布越接近上下左右的位

置，属性就越明确，越接近中心位置，属性就越模糊。

为了正确把握产品的市场特性，要设定不同的关键词，以对 X 轴和 Y 轴上的关键词进行置换。例如，在 X 轴上设定"精神"和"物质"关键词，在 Y 轴上设定"日常"和"非日常"关键词。

如果样本在坐标中分布均匀，就说明在这一细分市场中竞争激励，可以尝试更换一组反义关键词"消极"和"积极"。重新对样本进行调查并将结果放入坐标系之中，再观察样本的分布情况。如果坐标中出现了明显的空白区域，就说明在这一细分市场中竞争较少，存在市场空白。

2. 产品设计的定位

新产品定位与市场调研息息相关。市场是一群有具体消费需求且具有相应购买力的消费者集合，因此，市场调研可以直观地理解为对"把产品卖给谁"这一问题进行定位，即发现目标市场在哪里；而新产品定位则更多的是研究对人们生产什么产品来卖给目标消费者这一问题的定位。

有很多人对产品定位与市场定位不加区别，认为两者是同一个概念，其实两者还是有一定区别的，具体来讲，目标市场定位（简称市场定位）是指企业对目标消费者或目标消费者市场的选择；产品定位是指企业用什么样的产品来满足目标消费者或目标消费市场的需求。从理论上讲，应该先进行市场定位，再进行产品定位。产品定位是目标市场的选择与企业产品结合的过程。

在新产品定位时，决策部门一方面需要结合市场部门所提供的信息，另一方面还需使用主动调查的手段，如用户观察、调查问卷等。

1）用户观察和访谈

对用户使用现有类似产品的情况进行敏锐地现场观察或通过对用户的访谈，了解用户如何执行特定的任务，并记录整个工作过程，分析产品在使用过程和使用环境中存在的问题，确定用户需求，所采用的技术手段有文字记录、拍照、录音、录像等。

2）问卷调查

问卷调查也是一种常用的数据采集技术，问卷调查设计的基本原则是：主题明确、重点突出、结构合理。

问题的设计顺序合理，符合应答者的思维程序。一般是先易后难、先简后繁、先具体后抽象，以易于理解。提问通俗易懂，符合调查对象的认知能力，便于数据的分析、整理和统计。调查问卷中问题的主要形式有：

（1）开放式问题。开放式问题又称无结构的问答题，允许用户用自己的语言自由地发表意见，在问卷上没有拟定好的答案。

（2）封闭式问题。封闭式问题又称有结构的问答题。封闭式问题与开放式问题相反，规定了一组可供选择的答案和固定的回答格式。主要有以下几种形式：

①单项选择式：回答是与不是。

②多项选择式：提出问题，用清单形式列出供选择的答案，从中选择多项。

（3）李克特（Likert）量表形式：李克特量表是问卷设计中运用十分广泛的一种量表，其两极表示赞成或否定，中间分成若干级别，以充分体现其差异，如完全同意、同意、不一定、不同意、完全不同意。

由于问卷调查需要处理大量的数据，人工统计非常繁琐，因此可以使用统计软件"spss"来辅助进行数据统计，从而分析出所需要的信息（关于数据分析可查阅数据统计的相关书籍）。

3．概念的产生与设计

产品的市场定位确定后需要进行概念设计，所谓产品概念是指产品设计所需达到的目标，比如产品总体性能、结构、形状、尺寸和系统性特征参数的描述。概念设计是对设计目标的第一次结构化的、基本的、粗略的，却是全面的构想，它描绘了设计目标的基本方向和主要内容。

市场需求是产品概念设定的出发点，产品概念来自于市场有关的几个方面：用户、销售者、科技人员、中间商人、企业生产人员和管理人员，乃至竞争对手。概念设计是由分析用户需求到生成概念产品的一系列有序的、可组织的、有目标的设计活动，它表现为一个由粗到细、由模糊到清晰、由具体到抽象的不断进化的过程。最终产生的产品概念需用明确的形容词进行描述，以便产品设计能够达到有的放矢，如外观颜色红色，倒角圆滑等。

概念产品设计是决定设计结果的最有指导意义的重要阶段，也是产品形成价值过程中最有决定意义的阶段。它需将市场运作、工程技术、造型艺术、设计理论等多学科的知识相互融合、综合运用，从而对产品做出概念性的规划。

1）产品概念设计所包含的内容

产品概念设计所包含的内容主要体现在以下两方面：

（1）产品的功能描述。产品的功能包括主要功能、次要功能和辅助功能。任何一种产品都有功能多样性、多重性和层次性的区分。如手机的主要功能是通话和短信，辅助功能是看时间、玩游戏等。另外，产品的功能是多层次的，除了产品本身的功能外还包括附加功能，如社会功能、手机的档次能体现使用者的品位和消费能力等。

（2）产品的形态、结构描述。产品形态设计是行业共性和设计师个性思维的结合，这个阶段如果以设计师个人思维为主导，会导致缺少量化操作的方法，其结果就会难以预测。因此应当通过一定的方法对产品形态进行限定，让设计师在工艺和市场允许的范围内进行设计，这样既发挥了设计师的创造力，又不至于天马行空，使设计出的产品脱离实际。

2）产品概念设计所使用的方法

产品概念包括功能概念和形态概念，功能概念可以使用"情节分析法"。

已经有很多人在探索将"讲故事"应用于工业设计中，将产品开发过程故事化，即我们所提到的情节分析法。对产品设计进行定位首先应当明确目标用户的需求。确定这种需求通常采用情节分析的形式。在确定目标用户的基础上，通过情节分析描述的方式来进行浸入式思考，并从中提炼出产品的需求，并把需求转化为产品设计的概念。一般来讲情节分析描述可包含如下内容：

（1）人物角色：目标用户。

（2）做什么：用户需求。

（3）如何做：采取的行为。

（4）时间和空间：在什么时候和什么环境下做这件事。

情节分析法的表现形式可以是绘画或者文字剧本描述等。不论是哪种形式首先都应设定角色，角色设定要全面、具体，这样才能从不同的角度深入思考用户需求。

根据用户设定分别进行浸入式的思考，具体的表现形式可以是剧本式的文字描述，也可以是照片或者漫画式的分镜头。根据用户使用产品的情景描述提取用户需求。

形态概念描述可以借鉴"前向定性推论式感性工学"中的"语汇层次分级法"。该方法主要利用层次递推的方法建立树状图，然后推演求得设计上的细节。其细节指的是形态设计表述的定语，如边缘光滑、两种颜色等。这样做的目的是保证得出的结果能够通过设计管理者的认真分析，将消费者所陈述的日常生活用语转化为设计师所能理解的图形、符号、表格等，以此来指导接下来的设计。这样就给设计师设定了设计的边界，设计的形态不至于天马行空，脱离用户的实际需求。

通过语汇层次分级法就可以得到以下限定条件：

（1）重点功能操作用文字或图形提示。

（2）添加屏幕或指示灯来进行信息交互。

（3）设定完善的信息交互层次。

（4）整体造型弧线为主。

（5）蓝色为主色调，白色为辅助色调。

……

根据这些限定语汇再进行产品造型设计就能做到有的放矢，提高工作效率。同时又给设计师留出了足够的创意发挥的空间。

3）概念设计的评估

在产品概念设计的初期会生成大量的概念，但这些概念不可能全部实现，因此需要进行筛选。在筛选时必须考虑两个重要因素：第一，新产品的概念是否符合企业的目标，如利润目标、销售稳定目标、销售增长目标和企业总体营销目标等；第二，企业是否具备足够的实力来开发新产品，这种实力包括经济和技术两个方面。在评价时应当避免决策者一言堂的局面，组织结构合理的评估队伍。该队伍应当包括决策者、市场部门、设计部门、加工制造部门、营销部门、顾客代表等。让各部门的人员共同参与评估，站在自己专业的角度和立场提出修改意见。使产品概念符合各方面的利益诉求，具体来说有以下几点：

（1）消费者的观点。对消费者而言，满足需求是他们对新产品最主要的诉求。对商家来说，在满足消费者需求的基础之上还应给用户提供良好的体验。

（2）交易中间商的观点。交易中间商关注的是：新产品是否具有市场吸引力与竞争力，能否为中间交易过程创造附加价值。

（3）营销部门的观点。对营销部门而言，产品概念代表的是：能够满足顾客需求的具体产品功能特色的描述。营销人员就是所谓顾客心声的代言人。

（4）研发部门的观点。研发部门较多是从技术观点来描述新产品的内涵特征，他们较重视新技术的采用与产品功能的设计。

（5）生产制造部门的观点。生产制造部门重视产品为零件制造与组合的过程，制造的可行性、质量与成本控制、制造资源能力与产品生产的契合程度等，才是生产制造部门主要关切的课题。

但是在很多时候各部门的利益是冲突的。例如，造型部门在设计产品时，为了追求形态的美感和用户体验的愉悦性，可能会将产品造型设计得非常复杂。而生产加工部门从生产加工的角度出发会希望将产品设计得尽可能的简洁，这就会形成部门间的冲突。当不同的利益方发生冲突时，应当寻找其利益的共同处，也就是产品概念设计的核心利益。

在寻找核心利益时应当对利益方的重要程度进行区分。一般的优先级顺序为：顾客需要→交易商需求→投资回报→时间与竞争因素→本身能力。

4）产品概念设计的意义

（1）有利于设计分工。产品概念设计有助于新产品开发的合理分工，概念产品由市场部提供信息，产品开发策划部门设定概念后再交由设计部门完成。对于之前没有开发经验的新项目，这种分工能够明确责任和义务，意义更加明显。

（2）有利于发挥市场部的优势。负责市场调查和新产品开发的策划部门由于长期深入市场，对市场需求较为敏感，能根据市场变化做出及时的调整，在信息搜集和把握项目开发方向上有先天的优势。目标设定得准确就相当于项目开发成功了一半，因此市场部门和策划部门在产品概念设定阶段起着非常重要的作用。

（3）有利于提高设计方案的成功率。设计部门所做的工作应当是具有创造性的，设计师应当将才华和发散性思维充分体现在产品的方案之中，这样产品的方案才能具有独特的识别性。但产品设计不等同于艺术设计，它受到来自诸如生产工艺、消费者接受程度、市场喜好等多方面因素的制约。工业设计师就像是戴着脚镣的舞者，既要有一定的约束，又要将自己的才华展现出来。产品的概念设计就是对设计师的约束，而这种约束是有益的，只有在一定的约束下，设计出的产品方案才能变成成功的商品，为企业带来经济利润。

4．造型设计与结构设计

产品的造型设计与结构设计根据上一步所提炼出的产品概念进行产品的具体化实现，具体包括产品的功能设计、外观设计、人机交互设计、用户体验设计等。这一阶段需要在产品概念的约束下，制作大量的设计方案。将产品功能、形态的可能性最大化实现，使新产品达到最好的状态。在这一环节所做的工作大致包括概念草图绘制、效果图绘制、参数化数字模型制作、样机模型（手板）制作等。

1）草图

进入产品设计环节后第一个工作就是绘制草图，绘制草图分为两个阶段：

（1）第一个阶段绘制的草图是研究性草图，通常可以将其理解为设计思考的过程。通过简洁准确的线条将设计师的思路进行记录，以便对设计师的想法进行启发和进一步深化。这一阶段的设计思维是发散性的，在产品概念的约束下要尽可能衍生出多种可能性。这一阶段需要绘制大量的草图方案，以便设计师深入思考，由量变转换为质变，从而设计出比较成熟的方案。

（2）第二个阶段绘制的草图是表现性草图。从研究性草图中挑选出重点方案进行深入表现，这时应用严谨的逻辑思维对设计方案进行规整，从而保证可操作性。表现性草图需要考虑功能的实现、结构的合理、用户体验的愉悦、材质的选择等。

表现性草图是设计师进行深入思考的一种手段，同时也可利用表现性草图与其他部门进行交流。因此，表现性草图应当清晰易懂，符合透视规律，不出现视觉误差。

2）效果图

草图方案确定后需要制作精细效果图，用于效果演示和方案汇报。产品的效果图按照绘制方法可以分为两种：

（1）手绘效果图。早期的效果图主要以水粉材料为主，辅助以气泵、喷笔、模板等工具来完成，但由于绘制起来不方便（占地面积大、携带不方便、噪声较大），因此现在使用得并不是很多。但一些对于手绘有着偏好的企业或者设计师还在坚持这种表现方法。

（2）计算机辅助绘制效果图。随着计算机技术的发展，出现了很多绘制效果图的软件。设计师通过一些常用设计软件，比如 3Dmax、Photoshop 来表现出精美逼真的产品效果。

计算机效果图分为两种形式：一种是二维计算机效果图；另一种是三维计算机效果图。

①二维计算机效果图。二维计算机效果图可以使用二维绘图软件（位图）进行绘制，也可以使用二维绘图软件（矢量）进行绘制。

位图图像又称点阵图像或绘制图像，是由称作像素（图片元素）的单个点组成。位图图像以像素不同的排列及颜色组合成图像的视觉效果。其优点是色彩细腻丰富，由于采用了模拟现实的色彩模式，因此用于效果图绘制仿真度较高。其缺点是其分辨率是固定的，如果将图片放大超过原有尺寸，就会使图片质量大大下降。要想解决这个问题可以事先设置好图片文件的分辨率。

常用的二维绘图软件（位图）包括 Photoshop、Comicstudio、Painter、Sai、ArtRage、SketchBook 等。Photoshop 软件的功能非常强大，可以利用其选区工具和路径工具直接进行二维产品效果图的绘制。其他的软件一般需要配合数位板在计算机上直接进行手绘。

矢量图使用直线和曲线来描述图形，这些图形的元素是一些点、线、矩形、多边形、圆和弧线等，它们都是通过数学公式计算获得，体积一般较小。矢量图形最大的优点是无论放大、缩小或旋转都不会失真；最大的缺点是难以表现色彩层次丰富的逼真图像效果。由于矢量软件具有强大的路径功能，因此在产品效果图的绘制中可以发挥重要作用。常用的二维绘图软件（矢量）有 Illustrator、FreeHand、CorelDRAW 等。

二维绘图软件具有其独特的优势：在操作过程中受计算机软件功能限制较少，可以将设计师的想法充分表达；相比三维效果图速度大大提升，可用于前期的设计思维表达；表现力强，功能丰富，可将设计师手绘表现力大幅度提升。

②三维计算机效果图。三维计算机效果图是由三维绘图软件进行建模，利用渲染软件或者插件进行渲染，以此得到的产品效果图。常用的三维建模软件有 3Dmax、Rhino、softimage 等。这一类软件不依赖于模型尺寸，对于模型的配合也没要求，无法用于计算机辅助加工，但在产品的效果表现方面十分出色。

Rhino 软件是由美国 Robert McNeel&Assoc 开发的 PC 上强大的

专业 3D 造型软件，它可以广泛地应用于三维动画制作、工业制造、科学研究以及机械设计等领域。它能轻易整合 3DSMAX 与 Softimage 的模型功能部分，尤其擅长建立要求精细、弹性与复杂的 3DNURBS 模型。能输出 obj、DXF、IGES、STL、3dm 等不同格式，并适用于几乎所有 3D 软件，尤其对增加整个 3D 工作团队的模型生产力有明显效果。

但 Rhino 的渲染模块并不强大，往往需要依赖第三方插件进行渲染。常用的渲染插件有 vray、finalrender、brazil、keyshot 等。

3DStudioMax，常简称为 3DSMax 或 MAX，是 Autodesk 公司开发的基于 PC 系统的三维动画渲染和制作软件。其前身是基于 DOS 操作系统的 3DStudio 系列软件。在 WindowsNT 出现以前，工业级的 CG 制作被 SGI 图形工作站所垄断。3DStudioMax+WindowsNT 组合的出现一下降低了 CG 制作的门槛，使得三维效果图得以普及，在工业设计、建筑设计、室内设计、环艺设计、影视动画等领域有突出的表现。3DMax 具有很好的兼容性，能够兼容大多数的三维模型格式，除了本身非常优秀的渲染功能外，还能够内嵌多个主流的第三方渲染插件，使得 3DMax 成为很好的 3D 效果图制作平台。

3）参数化数字模型制作

产品的方案定稿后就转入产品的结构设计阶段。这个阶段人们需要建立产品方案的计算机数字模型，以方便对产品进行计算机辅助加工和虚拟分析。在产品开发初期，产品方案的零件形状和尺寸有一定模糊性，要在装配验证、性能分析和数控编程之后才能确定，因此希望零件模型具有易于修改的柔性。参数化设计方法就是将模型中的定量信息变量化，使之成为任意调整的参数。调整一个零件的尺寸，与之相关的零件尺寸都随之改变，这对于复杂产品的设计和产品的系列化设计有着重要意义。

常用的参数化三维建模软件有 SolidWorks、Pro/e、UG、CATIA 等。

（1）SolidWorks。SolidWorks 软件是世界上第一个基于 Windows 系统开发的三维 CAD 系统，由于使用了 WindowsOLE 技术、直观式设计技术、先进的 Parasolid 内核（由剑桥提供）以及良好的与第三方软件的集成技术，使得 SolidWorks 软件成为全球装机量最大、最好用的软件。功能强大、易学易用和技术创新是 SolidWorks 软件的三大特点，使得 SolidWorks 软件成为领先的、主流的三维 CAD 解决方案。SolidWorks 软件能够提供不同的设计方案、减少设计过程中的错误以及提高产品质量。

SolidWorks 软件不仅拥有强大的功能，而且操作简单方便、易学易用。通过在世界著名的人才网站进行检索可知：同其他 3DCAD 系统相比，与 SolidWorks 软件相关的招聘广告比其他软件的总和还多，这比较客观地说明了该软件在设计领域的普及程度。

（2）Pro/E。Pro-e 是 Pro/Engineer 的简称，更常用的简称是 ProE 或 Pro/E，Pro/E 是美国参数技术公司（ParametricTechnologyCorporation，PTC）的重要产品，在目前的三维造型软件领域中占有重要地位。Pro/E 作为当今世界机械 CAD/CAE/CAM 领域的新标准而得到业界的认可和推广，是现今主流模具和产品设计三维 CAD/CAM 软件之一。

（3）UG。UG（UnigraphicsNX）是 SiemensPLMSoftware 公司出品的一个产品工程解决方案，它为用户的产品设计及加工过程提供了数字化造型和验证手段。

UG 主要客户包括克莱斯勒、通用汽车、通用电气、福特、波音麦道、洛克希德、劳斯莱斯、普惠发动机、日产以及美国军方。充分体现 UG 在高端工程领域，特别是军工领域的强大实力。在高端领域与 CATIA 并驾齐驱。

（4）CATIA。CATIA 是法国达索公司的产品开发旗舰解决方案。它可以帮助制造厂商进行新产品的开发，并支持从项目前阶段、具体的设计、分析、模拟、组装到维护在内的全部工业设计流程。

CATIA 之所以能成为享誉全球的顶级工业设计软件是因其具有核心技术，为工业设计的参数化和并行化提供了可能。其核心技术有：

① CATIA 先进的混合建模技术。设计对象的混合建模：在

CATIA 的设计环境中，无论是实体还是曲面，都做到了真正的互操作；变量和参数化混合建模：在设计时，设计者不必考虑如何参数化设计目标，CATIA 提供了变量驱动及后参数化能力。几何和智能工程混合建模：对于一个企业，可以将企业多年的经验积累到 CATIA 的知识库中，用于指导本企业新手，或指导新车型的开发，加速新型号推向市场的时间。

②CATIA 具有在整个产品周期内方便的修改的能力，尤其是后期修改性。无论是实体建模还是曲面造型，由于 CATIA 提供了智能化的树结构，用户可方便快捷地对产品进行重复修改，即使是在设计的最后阶段需要做重大修改，或者是对原有方案的更新换代，对 CATIA 来说，都是非常容易的事。

③CATIA 所有模块具有全相关性。CATIA 的各个模块基于统一的数据平台，因此 CATIA 的各个模块存在着真正的全相关性，三维模型的修改，能完全体现在二维、有限元分析以及模具和数控加工的程序中。

④并行工程的设计环境使得设计周期大大缩短。CATIA 提供的多模型链接的工作环境及混合建模方式，使得并行工程设计模式已不再是新鲜的概念，总体设计部门只要将基本的结构尺寸发放出去，各分系统的人员便可开始工作，既可协同工作，又不互相牵连；模型之间的互相联结性使得上游设计结果可作为下游的参考，同时，上游对设计的修改能直接影响到下游工作的刷新，实现真正的并行工程设计环境。

⑤CATIA 覆盖了产品开发的整个过程。CATIA 提供了完备的设计能力：从产品的概念设计到最终产品的形成，以其精确可靠的解决方案提供了完整的 2D、3D、参数化混合建模及数据管理手段，或从单个零件的设计到最终电子样机的建立，它都可以出色地完成；同时，作为一个完全集成化的软件系统，CATIA 将机械设计、工程分析及仿真、数控加工和 CATweb 网络应用解决方案有机地结合在一起，为用户提供了严密的无纸工作环境，特别是 CATIA 中针对汽车、摩托车业的专用模块，使 CATIA 拥有了最宽广的专业覆盖面，从而帮助客户达

到缩短设计生产周期，提高产品质量及降低费用的目的。

4）样机模型（手板）制作

方案定稿阶段一个非常重要的过程就是样机模型制作。样机模型又称手板、首板。手板就是在没有开模具的前提下，根据产品外观图样或结构图样先做出的一个或几个，用来检查外观或结构合理性的功能样板。

由于产品方案从二维空间转到三维空间会产生视觉偏差，因此方案定稿后通常通过制作手板以检验产品的实体效果是否和方案效果存在差距，并根据手板对平面图样进行修正。在制作大体量的产品（如汽车）时，如果直接制作原大手板，则制作周期太长且成本过高，此时可以先制作 1∶5 的缩放手板，进行效果检验。这个步骤是为了避免体量差别带来的视觉误差。例如，5 厘米汽车边缘倒角在 1∶5 的手板上看起来非常精致，但如果放大到原大后倒角就变成 25 厘米，就会显得笨拙。因此有必要等视觉效果协调后制作 1∶1 的实物原大手板。

（1）手板的作用。

①检验结构设计：手板的制作可以在开模之前检验产品方案结构设计的合理性，如结构的合理与否、人机学尺度的合理性、安装的难易程度等。

②视觉效果校正：设计方案从平面转为三维会有视觉偏差，通过手板的制作可以对最终的效果进行校正。

③降低开发风险：通过对样机的检测，可以在开模具之前发现问题并解决问题，避免开模具过程中出现问题，造成不必要的损失。

④进行市场测试：手板制作速度快，很多公司在模具开发出来之前会利用样机做产品的宣传、前期的销售，以此作为市场反响的测试。

（2）手板的分类。

①按制作手段分。手板按制作的手段分，可分为手工手板和数控手板。

②按所用材料分。手板按制作所用的材料，可分为塑胶手板、硅胶手板和金属手板。

塑胶手板：原材料为塑胶，主要是一些塑胶产品的手板，如电视机、显示器、电话机等。

硅胶手板：原材料为硅胶，主要是展示产品设计外形的手板，如汽车、手机、玩具、工艺品以及日用品等。

金属手板：原材料为铝镁合金等金属材料，主要是一些高档产品的手板，如笔记本电脑、高级单放机、MP3 播放机以及 CD 机等。

（3）手板加工工艺。

手板制作方式有手工制作手板和数控手板。在早期，没有相应的设备，数控技术落后，手板制作主要靠手工完成，工艺、材料都有很大的局限性。随着数控加工技术的出现，费时费力的手工制作手板现在已经非常少见。数控手板精度较高，自动化程度高，加工的手板能体现批量生产产品的最终效果，所以当前数控加工的手板居多。

数控手板按加工方法分为激光快速成型（RP）和加工中心（CNC）加工两种，两者各有其专门的加工材料。

第二节　产品设计的审美概述

一、技术与审美

2008 年北京奥运会，国家体育场（鸟巢）和国家游泳中心（水立方）这两个杰出的建筑，为世人呈现的不仅仅是精彩的体育场馆，更多的是让人体会到了技术的美。国家体育场外部设计的灵感来自中国古典的木质花窗，有着委婉含蓄的表现意向；内部的设计来自东方碗的造型。设计陈述文字中并没有用鸟巢作为主要的表现对象，只是文字说明中出现了诠释花窗编织效果用类似"鸟巢"这一字眼，最后呈现出来的视觉效果又恰似鸟巢。这是一个伟大的设计，但是要完成它需要强有力的技术支持，否则设计就是一件不可能完成的美丽传说。

国家游泳中心的设计来自水分子的结构，外形简洁、色彩梦幻绚丽，但是要达到这样的艺术效果，膜结构技术和不规则结构的焊接成为技术难点。这里就涉及新材料新技术的开发与应用，如果没有膜结构的安装，也就无法表达出设计方案中绚丽多彩，富有梦幻效果的原创风采。去过巴黎的人都会对埃菲尔铁塔精湛的技术留下深刻的印象。

它是为纪念法国大革命一百周年和迎接 1889 年巴黎世界博览会而修建的。在巴黎的景观中，埃菲尔铁塔具有极其显赫地位。凡是用画面来表现巴黎的地方，就会出现埃菲尔铁塔的形象。法国作家罗兰巴特（R.Barthes）对于埃菲尔铁塔的技术美做了精彩的剖析。他指出，那简单的矩阵形式赋予了铁塔难以言说的联想智能：它是巴黎的象征、现代的象征、科学的象征，更是 19 世纪的象征，时而又是火箭、立柱、钻塔、避雷器或昆虫的象征。在人们的想象力和梦幻之中，它已成了无法回避的符号象征。它为更多的梦幻和想象提供着形式或提供着设计灵感。即使把它转换成一条普通的线条，它仍然有一种神话般的功能，把底部与顶部连接起来的线条，正是沟通天与地的纽带，是技术与审美的精美表现。

二、功能与审美

至善至美是中文中的成语典故。人们往往用它形容最完善最美好的事物。但是人们不禁要问，这样的事物在人们的生活中是否存在。事实上，人类也一直为此而努力。但是多数的时候要在一定的"善"与"美"标准基础上，从"至善"与"至美"中做出相对性的选择与定位，要么在"善"中做到尽量"至善"，要么在"美"中做到"至美"。距离"至善至美"的目标始终都是存在差距。就像人们对待"真理"的哲学态度一样。"至善至美"是一个追求美好愿景的过程，随着科学技术的进步，不断接近"善"与"美"的极致状态。

驰名的瑞士军刀之所以在世界上受到广泛的欢迎，是因为它具有多功能和用途，以及巧妙的构造和各种具有收藏价值的独特设计。这都是在"至美"中求"至善"，在"至善"中求"至美"的成功案例。由此可以扩展领域到人类生活中的任何一种审美行为。

三、形式与审美

色彩、形态、肌理的美感。黑格尔所说："感性材料的抽象统一是外在美"，构成产品设计的自然物质材料的美。生产任何产品首先需要一定的材料，材料是构成产品设计形式美的首要元素，产品的质感与表现效果所形成的质感与肌理美感，以及现代设计对材料的不同理解，所形成的不同设计思想与风格，也形成了复杂的审美心理取向。人类对色彩的感受最强烈、最直接，印象也最深刻，色彩的美感来自色彩对人的视觉感受的生理反应，以及由此而产生的丰富心理联想和生理联想，从而产生复杂的潜意识心理反应。形式美感的产生直接来源构成形态的基本元素，即点、线、面所产生的生理与心理反应，以及对点、线、面形式意蕴的抽象概念理解。在点、线、面的形态元素中，线是最活跃、最富有感情的元素。平面设计中的形与空间中的形态，其跳跃与安静、繁杂与单纯、稳定与轻巧、严肃与活泼等等情感性的设计意向无不与线密切关联。由于人的实践活动和审美经验的积累，促使人类对模仿自然形态、概括自然形态和抽象形态等产品的造型产生不同的审美联想和想象的差异较大，因而也就产生了不同的审美感受。材质感和肌理美作为产品设计的视觉和触觉元素，对人的感觉都会产生感应和刺激。这些不同程度的感应和刺激，会使人产生不同的生理和心理效应，因而产生不同程度的美与不美的感受趋向。

四、泛审美时代与审美

泛审美指的是审美不再局限于少数知识精英们的活动范围。

生活在一个"泛审美时代"，审美已经进入了广泛的社会领域中，包括商品生产领域、消费领域和日常生活领域等。这是一个审美活动的泛化的时期。只是缺乏现代性审美意识熏陶的受众不可能具有杰姆逊所说的"独特的自我和私人身份、独特的人格和个性",受众的审美情趣更多地是由文化产业的运作形式——媒体文化塑造起来的,人们自身所标榜的个人情调也只不过是一种错觉。在这样的一个大时代背景下,当消费者审视一个设计的时候,首先吸引他的是某一个新颖独特的设计点,但是从专业人士的角度对某个设计评价的时候,就要看它是否能够满足人们的需求,即审美需求,功能需求,更高层面的就是时代的需求等。这些需求恰恰是时代的要求,如果在时代要求之外,就失去了设计的意义。时代审美的理念是否符合时代精神,是否满足时代诉求,是否具有时代特色,关键是时代审美对设计的审视,也是对这个时代的审视。通过不断地选择定位,形成更鲜明的时代特色,鲜明的时代特色又会重新指导时代审美实践活动。因此,时代诉求和时代精神对于时代审美趋向具有同样的指导意义。

五、设计与实践的审美过程

(一)理念的融入

设计的理念是设计师在设计之初要达到或者想通过设计达到的一种设计理念。理念的融入方式要通过技术、形式、功能、材料等分别入手。这其中,功能是第一位,其次从实际和心理层面提出诉求理念,才能真正建立起理念的诉求。理念的融入有时也会被技术因素所限制,要么由于技术问题妥协理念,要么为了理念问题突破技术问题,在不断矛盾中探索前行。在人类进步发展的过程中只有后者才能让社会不断地进步。想要得到什么样的功能就要有什么样的理念,这是一对在说明解释层面的可逆概念。有了这些理念做实践指导,设计师就要从形式、技术等方面做出最佳的设计创意方案,满足社会的各种诉求。

北京奥运会的主场馆和水上项目场馆,在全世界征集设计方案的时候就明确提出场馆的功能要求和审美层面的因素。这就是一种高度概括的设计理念。在所有入围的设计作品中,每一件设计方案都有自已独特的设计理念，而且都能与奥组委的理念要求完美地融合，但是在设计到实践的这一个过程中，技术又回到了主角的地位，设计与实践的审美过程就是理念融合和技术审美的综合整体的完善过程。

（二）实践的审美

实践是设计的表达方式，没有实践的认识过程设计无从谈起。对于实践的审美主要是从内容到形式的转换过程。审美是设计中具有指导性和重要性的一个理念的融入环节。对于实践的审美不但具有指导性，更具有对实践理论的升华提高作用。实践审美是人本质的双重表征，只有在感性、能动的知觉实践基础上，才能展开生存和发展问题的视域，进一步探索出审美意念的个性表象；而人的自由、自觉、对象性的主观审美意识也必须潜藏在实践观之中，人生命活动的自由自觉本性最终在审美领域中才能得到解决和完善。因此，在实践的审美性和审美的现实性中，双向维度内构建美学的发展体系，既是实践哲学发展的内在需求，也是当代美学发展的必然选择，实践与审美是人的内在品质的双重表象再现，是形而下与形而上维度的辩证统一整体展示。人的实践性及人的文化性特质的存在，离开实践性是无法得到科学证实的，实践性是人对本质的确认。人正是在不同的实践活动中，不断展现自己的本性力量。实践不仅使人具有"自然人"的属性，更使人具有社会、文化和审美的核心属性。只有在感性的、能动的实践基础上，才能展开人生存和发展的视域空间，才可以进一步探索审美理念的自觉性；而人的自觉性、对象性的审美理念也必须延续在实践活动中和审美领域中，诸如生命生存方式诉求等问题才能得到解决和完善。

审美领域是一个内在自由的精神领域，设计审美问题归根到底是人与社会之间的问题。实践与审美都是与人的生命活动紧密相连的问题，人作为实践的主体是通过审美活动实现自己生命特征的，它使人自身意义无遮蔽地展示并得到发展。审美作为人存在的一种特殊的意识表达方式，既是人类生命生存活动的本质诉求，也是生存本性展现的基本前提。

六、纯艺术与设计审美

纯艺术服务于人类的心灵，设计服务于人的生活，心灵的愉悦能使生活变得丰富多彩，设计需要借助纯艺术来完善其整体性和表象性的视觉传达语言。

（一）纯艺术

纯艺术是人在日常生活中进行精神活动的一种特殊传播方式，也是人们进行情感交流的一种重要手段，属精神的范畴。艺术文化的本质特征是用视觉语言、听觉语言、体态语言创造出虚拟的人类精神生活追求。艺术产生的基础是人类丰富的语言，有艺术震撼力的作品创造必须借助特殊的语言完成。人类有多少种语言形式，就会有多少种艺术形式。不借助语言的艺术形式创造，只是普通的游戏活动。在功能的层面上，艺术与普通的娱乐具有同等重要的存在价值和发展价值。但是，艺术与普通的娱乐文化形态存在着本质的不同，在文化的社会功能上也存在着明显的差异，这种差异和不同无论是从理论上审视还是在实践中探索都有着被认真关注的重要性。

（二）纯艺术与设计

纯艺术是人们为了满足自身精神需求和情感需求而创造出的一种文化表象。最宽泛的设计定义就是有目的地创作行为，因此设计行业也是一种有目的的创作行业。如在电影行业中就有场景设计工作，在印刷行业中有标志设计、海报设计、包装设计等工作。Designer 一词，有设计与设计师两层意思。而由设计一词延伸出来的理论和议题集合，可以统为设计行业的社会环境也称为设计界。设计界在欧美国家发展的历史较长，故设计史和相关的理论体系也比较完善，有工业设计和建筑设计是两大主流。

设计发展到今天，已经到了需要更加完善的时期。设计在解决服务与生活问题的同时，开始尝试更好地服务于生活方式的改变。人在解决了物质生活需求的同时还必然有更多的精神追求，这就为设计行业提供了新的发展空间。也可以说，设计一直与艺术形式结合相伴，只是在当今的商品经济时代，设计中的大量元素都需要用艺术形式呈现来激活高追求消费群体的潜意识。现在，同样能解决喝水问题的杯子，人们不再停留在设计简单和缺乏艺术感的搪瓷缸子面前，而是会选择造型优美流畅，更符合人机工程学的视觉触觉舒适的杯子。如果再拥有美丽彩绘图像，杯子就更加受到消费者的青睐。艺术中的抽象造型对设计活动起到的作用是重中之重，在平面设计艺术或工业造型设计中的诸多方面，拥有着特殊的领导和引导地位。产品形态作为传递商品信息的第一元素，它能使产品内在的品质、结构、内涵等内在特质转化为外在表象元素，并通过视觉使人产生一种微妙的生理和心理反应过程。与感觉、结构、材质、色彩、空间、功能等密切相联系的"形态"是产品的物质形状，产品造型是指商品的外在形状，"态"则指产品可感觉的产品外观的表情符号。产品形态是商业信息传递的载体，设计师通常借用特有的造型语言，进行产品的形态设计，巧用产品的特有形态向外界传达出自己的思想和理念，甚至情感延续的趋向。消费者在选购商品时也是通过商品形态所表达出的某种信息内容来判断和衡量商品与自己内心所希望的是否一致，并且最终做出购买的决定。这个过程体现着艺术的抽象审美过程。

当一幅完全抽象的设计展现在眼前时，我们可能被某些视觉色彩所吸引，也可能被某些抽象的形态引发联想，或许是从没见过的材料等等。在第一次看见设计时，本能反应也许是惊讶，也许是茫然。但是，从立体的角度来理解抽象艺术，如果受众能够完全理解抽象艺术就接受抽象的表现形式。设计师也努力尝试探寻艺术作品中能给设计师带来的灵感或启示，以及艺术作品所要展现给受众的意图。设计就是在满足功能的基础上，向着给人带来引导和启示的方向发展。但设计一定是以大众为服务目标的，目的是使更多的受众群体得到传递引导，最终改变社会的物质文明和精神文明。让人类的生存从根本上改变，生活方式才能有质的更新和飞跃。遵循这种设计发展的路线，社会物质产品的设计水平日益提高，人类的生活方式得到了丰富改善。

产品设计理论繁多，应用广泛，本书中想与设计师们探讨三个比较"接地气"的内容，我们设计师大部分人会走向企业，因此设计管理、产品语义与系统设计必然是在工作中最使用的内容，因此本书拿出一个章节来与大家讨论，目的只为实用，诸君如果要做理论研究，那这章的内容是远远不够的。

第三章 产品设计的相关理论

第一节 设计管理

一、设计管理的概念

英国设计师麦克·法瑞（Michael Farry）首先提出设计管理的基本概念："设计管理是在界定设计问题，寻找合适设计师，且尽可能地使设计师在既定的预算内及时解决设计问题。"他把设计管理视为解决设计问题的一项功能，侧重于设计管理的导向，而非管理的导向。其后，Turner（1968年）、Topahain（1980年）、Oakley（1984年）、Lawrence（1987年）、Chung、Gorb等学者都各自从设计和管理的角度提出了自己的观点。

麦克·法瑞是站在设计师的角度提出定义的。从另外一个角度来理解，企业层面的设计管理则指的是企业领导从企业经营角度对设计进行的管理，是以企业理念和经营方针为依据，使设计更好地为企业的战略目标服务。其主要包括：①决定设计在企业内的地位与作用；②确立设计战略和设计目标；③制定设计政策和策略；④建立完善的企业设计管理体系；⑤提供良好的设计环境和有效地利用设计部门的资源；⑥协调设计部门与企业其他部门以及企业外部的关系等。

从不同的角度思考，对设计管理可以有不同的认识，可以是对设计进行管理，也可以是对管理进行设计。归纳起来，设计管理就是："根据使用者的需求，有计划有组织地进行研究与开发管理活动。有效地积极调动设计师的开发创造性思维，把市场与消费者的认识转换在新产品中，以新的更合理、更科学的方式影响和改变人们的生活，并为企业获得最大限度的利润而进行的一系列设计策略与设计活动的管理。"然而，正如英国设计管理专家 Mark Oakley 所言，"设计管理与其说是一门学科，不如说是一门艺术，因为在设计管理中始终充满着弹性与批判"。

随着理论日趋发展，无论是从设计学还是从管理学的角度来看"设计管理"，其基本内涵都已逐步走向一致。设计管理作为一门新学科的出现，既是设计的需要，也是管理的需要。所以，设计管理研究的是如何在各个层次整合、协调设计所需的资源和活动，并对一系列设计策略与设计活动进行管理，寻求最合适的解决方法，以达成企业的目标。

二、设计管理的范围与内容

设计管理的范围与内容是极具弹性的。随着企业对设计越来越重视，以及设计活动内容的不断扩展，设计管理的内容也在不断地充实与发展。根据不同的管理活动与管理内容，可将设计管理的范围与内容分成以下几个方面：

（一）企业设计战略管理

任何一个企业，只有明确了自己的最终目的，才能根据所处的环境、自身的特点梳理出合理的任务体系；根据完成任务需要满足的条件和需要解决的问题，设计出相应的组织机构和运作机制，即企业设计战略。如果战略错误，即使设计过程完美、产品设计成熟也无济于事，并很有可能成为实验室中永远的试验品。假如冒着风险生产，那更是错上加错，让企业蒙受极大的损失，最严重的结果就是导致企业的倒闭。

（二）设计目标管理

设计目标管理可以理解为对设计活动的组织与管理，是设计借鉴和利用管理学的理论和方法对设计本身进行管理，即设计目标管理是在设计范畴中所实施的管理。设计既是设计目标管理的对象，又是对设计目标管理对象的限定。无论如何定义设计目标管理，获得好的产品设计总是其唯一的核心目标。没有足以吸引消费者的产品，去评价广告、环境、人力资源的优劣是毫无意义的。

设计概念是设计师对设计对象的一种创意理解，也是评价产品设计优劣的常用工具。一个具体设计概念的优劣是相对的、辩证的。评价企业的产品，必须将它放到其生产的时期、企业存在的环境中，结合企业自身的需要和其针对的目标对象来进行合理的评价。换个角度，对同一个产品的评价结果可能是截然相反的。

（三）设计程序管理

设计程序管理又称设计流程管理，其目的是对设计实施过程进行有效的监督与控制，确保设计的进度，并协调产品开发与各方关系。企业性质和规模、产品性质和类型、所利用技术、目标市场、所需资金和时间要求等因素的不同，设计流程也随之相异，虽有各种不同的提法，但都或多或少地归纳为若干个阶段。设计流程管理系统必须解决好以下六个主要问题。

1. 设计流程的定义和表达

设计流程有其自身的特点，用什么样的数学模型来描述设计流程并确保其完整性和灵活性，用什么样的形式在计算机上表现，是设计流程管理系统首先要解决的问题。

2. 设计流程的控制和约束

如何确保一个实例化的设计流程在规则的约束下有序地运转，在合适的时间将合适的任务发送到合适的承担者的桌面，需要有一个严密、科学的约束和控制机制，它既能保证设计流程的规范性，又能适应各种不同的设计流程类型。

3．设计流程中权限控制

保证任务的不同承担者只能完成其权限内的相应操作，确保数据的安全性和流程管理的可靠度。

4．设计流程中的协调通信机制

在确保关键流程环节有序进行的同时，为设计人员提供以网络为支持的通信、交流和沟通的手段，构建贯穿主流程的有效的协调机制。

5．设计流程中的统计和报表

该功能将为项目管理者提供方便的数据收集、项目统计能力，并用图表或报表等方式呈现，实现对项目的跟踪和管理。

6．流程管理中的"推"技术

为了使设计流程有效地流转，需要流程管理系统将"任务"和"项目信息"在合适的时间推到任务承担者的桌面，而不是设计人员去服务器中取任务，从而推动整个项目按预定的计划进度进行，这种"推"的技术将有效地缩短项目周期。

（四）企业设计系统管理

企业设计系统管理是指为使企业的设计活动能正常进行，设计效率得到最大限度发挥，对设计部门系统进行的管理优化。企业设计系统管理不仅是指设计组织的设置管理，还包括协调各部门的关系。同样，由于企业及其产品自身性质、特点的不同，设计系统的规模、组织、管理模式也存在相应的差别。

从设计部门的设置情况来看，常见的有领导直属型、矩阵型、分散融合型、直属矩阵型、卫星型等类型。不同的设置类型反映了设计部门与企业领导的关系、与企业其他部门的关系以及在开发设计中不同的运作形态。不同的企业应根据自身的情况选择合适的设计管理模式。

企业设计系统管理还包括对企业不同机构人员的协调工作，以及对设计师的管理，如制定奖励政策、竞争机制等，以此提高设计师的工作热情和效率，保证他们在合作的基础上竞争，保证设计师的创作灵感才能得到充分的发挥。

（五）设计质量管理

设计质量管理是指使提出的设计方案能达到预期的目标并在生产阶段达到设计所要求的质量所进行的管理活动。在设计阶段的质量管理需要依靠明确的设计程序并在设计过程的每一阶段进行评价。各阶段的检查与评价不仅起到监督与控制的效果，其间的讨论还能发挥集思广益的作用，有利于设计质量的保证与提高。

设计成果转入生产以后的管理对确保设计的实现至关重要。在生产过程中设计部门应当与生产部门密切合作，通过一定的方法对生产过程及最终产品实施监督。

（六）知识产权管理

知识产权管理是指国家有关部门为保证知识产权法律制度的贯彻实施，维护知识产权人的合法权益而进行的行政及司法活动，以及知识产权人为使其智力成果发挥最大的经济效益和社会效益而制定各项规章制度、采取相应措施和策略的经营活动。

知识产权管理是知识产权战略制定、制度设计、流程监控、运用实施、人员培训、创新整合等一系列管理行为的系统工程。知识产权管理不仅与知识产权创造、保护和运用一起构成了中国知识产权制度及其运作的主要内容，而且贯穿于知识产权创造、保护和运用的各个环节之中。从国家宏观管理的角度看，知识产权的制度立法、司法保护、行政许可、行政执法、政策制定也都可纳入知识产权宏观管理内容中；从企业管理的角度看，企业知识产权的产生、实施和维权都离不开对知识产权的有效管理。

三、设计管理的作用

（1）有利于正确引导资源的利用，利用先进技术实现设计制造的虚拟化，降低了人力物力的消耗，提高了企业产品的竞争力。具体分析产品开发的初期、中期、后期等时间段，制定最初的设计目标，分配相应的工作重点，合理配置资源。

（2）有利于正确处理企业各方面关系，营造出健康的工作氛围。充分调动企业中各种专业、各部门的人，使其明确自身任务与责任，充分发挥自身的潜能，协调起来为共同的目标而努力。

（3）从战略高度出发，制定公司长远的发展计划与目标，为产品设计指出创新的方向及目标。有利于及时获得市场信息，设计针对性产品，进而由设计改变生活方式，为企业创造新的市场。

（4）有利于促进技术突破，促进与不同领域的合作，使得企业社团各方面资源得以充分利用，从而实现设计制造的迅捷化，推动技术迅速转化为商品。

（5）有利于建立一支精干、稳定的设计队伍，解决人员流动过频的弊端。

（6）有利于塑造清晰、新颖和具备凝聚力的企业形象。

四、工业设计与产品创新中的设计管理

工业设计的核心任务是产品设计，因此对于产品创新至关重要，它决定着一个企业在激烈的竞争中能否获得成功，而产品创新管理又是产品创新的关键。从核心入手来研究管理的目标、任务，应该是解决基本管理设计问题的最有效途径。与此同时，设计创新始终渗透在每一个具体的设计管理活动之中，它既是设计管理的最终目标，也是保障设计成功的原动力，因而在整个设计管理活动中始终处于核心地位。

工业设计界的最高荣誉——德国"Reddot 红点设计奖"与"iF 设计奖"之设计竞赛的产品概念评价，在整体概念上存在巨大的差异。获奖的原因，在于他们都满足相应奖项的评价标准。评价的标准都是相对的、具体的。事实上，"Reddot 红点设计奖"评价的具体标准每期都会发生变动，因为产品外形具有强烈的时尚特性，而技术也会随时间的推移而不断进步。

工业设计是以批量生产的工业生产方式为存在基础的，设计师们不可避免地需要从与生产有关的诸多环节去辨析它们对设计的影响。从人机、材料、工艺、结构、维护、成本的角度对产品设计做出评价，需要将这些因素与具体的企业结合起来。工业设计是商业竞争的结果。作为企业乃至国家核心竞争能力的主要内容之一，工业设计必然是追求产品理想境界的有效途径。斯堪的纳维亚设计、意大利设计、德国设计是这样，ALESSI 设计、APPLE 设计、IBM 设计也同样如此。

Richard Sapper 于 1983 年为 ALESSI 公司设计的一款自鸣水壶，其精湛的不锈钢工艺与康定斯基式的音符构成形态造就了作品优雅、高贵的气质，突出了音乐形态化的主题。为增强艺术感染力，还设计了能发出"mi"和"si"钢琴般悦耳声音的自鸣汽笛，该装置委托慕尼黑一家著名的黄铜乐器加工厂生产。精湛的工艺与人们审美习惯的完美结合，使得该产品从问世以来，就极其畅销。作为 ALESSI 众多产品中的一款，其生产决定于企业的差异定位。其中精湛的不锈钢工艺得益于 1983 年企业制订的金属核心革新计划。

第二节 产品语义学

人类社会中人造物的不断增长促使产品更适于人，生活水平的提高也对产品设计提出了更高的要求，相应的新理论也同时充实了产品设计思想，在此就产品语义学的理论及其应用进行探讨。

一、语义学对产品设计的启示

语义，顾名思义，就是语言的含义。众所周知，语言是人们进行交流的工具，是集音、形、义于一身的媒介系统，人们通过学习掌握了一个语言体系，就可以进行相互间的交流。人们可以通过话语交流，也可以通过文字交流，话语和文字均是为了表达它们所代表的含义。语言学家把表义的话语和文字称为"能指"，把话语和文字所代表的含义称为"所指"。从哲学的角度来讲，二者是现象与本质的辩证关系。以上所述的语言学的特征，对产品设计有很重要的启示意义。首先，产品是方便人们生活的工具。产品不像艺术品那样只供人们欣赏，产品必有实用价值，从而满足人们生活中的某种需求，或者解决生活中的某个问题。产品所具有的这种功能属性决定了产品的本质，这正像语义是语言存在的本质一样。另外，只要人们掌握了某种已被广泛使用的语言体系，就可以很快通过话语或文字理解它们所代表的含义。那么与此相似，人们希望周围的产品可以通过它们的造型设计理解产品的功能及其使用方式。再有，语言在发挥其媒介作用之前，必须先适用一种语言体系，即以何种音和形代表何种含义。这种语言体系如同一种法律文件，一旦规定就有了一定的稳定性。同样地，要使人们能够通过产品的造型很快理解产品的功能和使用方式，必先有一套相对稳定的，被广泛认可的造型语言。产品和语言所不同的是，在能指和所指的关联问题上，产品比语言具有更强的关联性和同一性，即产品的造型在很大程度上是产品的功能和使用方式的外在反映。人类的历史是创造产品和使用产品的历史，人们世世代代以功能和实用为首要目的所塑造的各种传统的产品造型，以及当今为新涌现的具有新功能和新使用方式的产品所塑造的全新的形式语言，通过人们在生活中建立起来的对产品的使用经验，已经在每个人的记忆中形成了一套相对稳定的、被广泛认可的造型语言。正是人们具有这样的一个造型语言记忆库，才为能够设计出易于理解、易于使用的产品形式创造了先决条件。作为设计师，就应该尊重并运用人们在日常生活中建立起来的产品造型记忆库，设计出易于理解、易于使用的好产品。对于传统表义造型手法的态度应是：可以对其加以改变，但一定要能够准确表义，让人能理解，传统的不能一概认为是陈旧的，应抛弃的。

二、产品语义学的精神

产品语义学所提倡的是一种实用精神，运用产品语义学所做的设计是一种真实的设计。所谓真实的设计，首先是真实在"形式追随功能"上，要想使产品的造型"能指"准确地表达甚至彰显产品的功能和使用方式"所指"，就必须使用真实反映产品的功能和使用方式的形式。时间是评判一个设计优劣的最好标准，时间已经证实这款老式木夹是个成功的设计。它的造型来源完全是出于夹衣物等物品的功能性的考虑，以及人们在使用它时进行掐握这一动作过程的使用舒适性的考虑。可以说它的形态是追随功能的，是一种源于实用精神，真实且理性的设计。要使产品的造型"能指"真实准确地反映传达产品的功能及使用方式"所指"，使产品设计得够实用、够"真实"，就要尊重理性精神，在做设计时首先对产品的功能和它的使用方式加以全面周密细致的考虑，从中探寻出产品的功能和使用方式对产品造型设计的规定性因素。

形式美可以夺走人们的眼球，然而理性美真实的美却可以夺走人们的心灵，震撼人们的心灵。然而，产品语义学所倡导的并不止于现代主义设计大师沙利文所提出的"形式追随功能"，产品语义学的设计理念并不是冷漠的全理性化的设计。他还有更多的理念维度，是一种立体的、全面的设计思想。信息技术的成熟使得信息产品的结构越来越紧凑，其造型对功能的依赖性越来越弱。功能不再仅仅通过形式表达出来，造型语言呈现高技术化，形式更多地只是"物"的载体，产品趋向符号化。其语义表达的方式，较以往任何时代都有极大的区别。产品语义学倡导一种人道主义精神，是对产品使用者更深层次的尊重、理解和关怀。为了使"能指"——现象准确真实生动地反映、表达"所指"——本质，产品语义学设计理念所采用的设计手法是不拘一格的，只要是适宜恰当的，甚至与现代主义理性的设计思想背道而驰的后现代主义感性的设计手法也可采纳。后现代主义常使用的设计手法有移用历史素材、拼贴、并置、象征、比喻、夸张、幽默、扭曲等。

产品语义学的设计手法，在产品使用方式方面的设计多是理性的，而对于产品功能方面的设计表达多是感性的，这是因为对于使用的设计要涉及触握，应使之与人的手形互补，而对于功能的传达设计则多关乎视觉。

三、产品语义学的广延

产品语义学是一种开放的、系统性的设计思想，其主旨是尽量使能指因素准确形象生动地体现、传达所指因素。但由于在生活中的产品是形形色色的，所以运用产品语义学思想实践于具体的产品时，所采用的设计手法是丰富多样的。音和形是构成语言的要素，对于产品的构成要素则不外乎形、色、材、质、字、符，通过对这些要素进行有目的的秩序化的组织，就设计出了各式各样的产品。从信息论的角度来讲，每一个产品都是一个信息载体，向人们传达着一系列的信息，如："我是什么产品""我可以做什么用""我应该怎样使用"等。产品是人们生活中的重要物资源，这一本质属性就规定了产品应传达的首要信息，应该是产品的功能和使用方式。对于产品功能信息的传达，所运用的设计手法有：借鉴有同样功能的传统产品的造型手法，从而使人们从相似的造型特征中唤起对同类产品的功能属性的记忆，以及用隐喻、象征等修辞手法表达产品的功能等。对于产品使用方式的信息的传达，所运用的设计手法有：塑造与人的使用方式——如人手在进行操作时的形态——互补的造型，以及运用一种和操作的动作趋势相衬的造型暗示出产品的操作方式等。另外，在必要的时候，也应使用文字和示意符号来清晰地传达产品使用方式的信息。大自然中生物体的形态必定是和它的生存环境相协调的，否则将会因其身体形态不能适应周围的环境而被淘汰。同样，对于产品的造型设计，也不能从其所存在的周围环境中游离出来。当然，产品语义学思想原旨是使造型"能指"真实准确地反映、表现产品的功能及使用方式"所指"，但人们在说话和写文章时还要考虑所处的语言环境，不符合上下文的字段是整个乐章中的不谐和音。一个不谐和音，即使将它单独拿出来是多么的悦耳动听，但在整个乐章中是毫无意义的。同样，如果一个产品，如以一件家具为例，对它的设计就不能不考虑它的形态、比例、尺度、用色、风格等同它周围的室内环境和协调。一个衣柜，单独来看其设计也许近乎无可挑剔，但可能因为没有考虑所放置房间门的高度的影响，而设计得大了一些，致使不能搬入室内。又如，美国著名设计师罗维曾设计了一个流线型的冰箱。利落的线条单独来看的确优美动人，但因疏于考虑冰箱所处环境所带来的潜在功能，使得这个设计也显得瑜中有瑕——也许家庭主妇喜欢把一个漂亮的花瓶或者别的什么放在冰箱上面，装点一下室内环境，但由于冰箱顶面太滑而不能如其所愿。所以说，产品语义学设计思想也是重视产品所处环境的，重视环境对产品造型的规定性，甚至从环境中激发出新异的设计灵感，倡导关注产品这一信息源的语境，依照上下文来做文章。不止于此，实际上，产品语义学所倡导的是在设计之前先要做充分细致的调研，广泛而深入地、全方位全息性地考虑产品，考虑的方面尽量全面，使得产品在多方面的互动都是和谐的，使得产品造型的任一细节都是有根源的、有道理的、能解决实际问题的。总之，运用产品语义学设计思想进行产品造型设计，就是遵从联系的、发展的、全面的辩证哲学观。另外，从周详的调研中获取了大量与产品的造型设计相关联的初始资料后，就开始进入了设计阶段。通过准确恰当的立意构思后，要考虑产品的功能和使用方式对产品造型的能指表达，考虑使用者的心理，环境所属，价格杠杆等要素的能指表达，同时运用形式美学整合所有的造型内容。一个产品为了具有完备的功能和操作界面，往往是使由多个部分构成产品的整体，每一部分都应是其自身功能和使用方式的表达。

第三节　产品系统设计理论

一、产品系统的定义

系统是由具有有机关系的若干事物为实现特定功能目标而构成的集合体。构成系统的事物，称为系统元素；元素间相对稳定有序的联系方式称为系统结构；元素间通过有机结构产生的综合效果称为系统功能。作为一定功能的物质载体，产品本身就具备多种要素和合理结构，要素和结构之间的相互关系构成具备相对独立功能的闭环系统——产品内部系统。同时，产品必须在特定的社会文化环境中被消费者使用才能实现其功能，即产品又是一个与外部环境相关联的开环系统——产品外部系统。产品的内部系统和外部系统的统一，源于产品的生命周期，从产品的生命周期出发，以人类社会可持续发展为目标的产品设计思维方式——产品系统设计思维方式，该方式在现代产品设计中具有重要的现实意义。

（一）产品生命周期

产品生命周期是指"从产品的形成到产品的消亡，再到产品的再生"的整个过程。产品生命周期是一个开放的动态过程系统，一般包括原材料的获取、产品的规划与生产制造、产品的销售分配、产品的使用及维护、废旧产品的回收、重新利用及处理等。产品正是在过程系统中，与人和环境发生了有意义的联系。比如，通过营销者在市场环境下将产品转化为商品，使用者利用产品创造合理的生活方式，而回收者通过对废旧产品的拆解和回收，将产品转化成可利用的再生资源，制造者又将资源形成新产品。产品系统的功能正是在这种人—产品—环境相互作用和协调的过程中得到实现。

（二）产品内部系统

在产品生命周期中，从原材料的提取到产品制造是产品的制造过程，从而形成产品内部系统。产品内部系统由产品的要素和结构构成，具有相对独立的功能。要素是构成产品内部系统的单元体，结构是若干要素相互联系、相互作用的方式和秩序，产品要素通过有机结构联系的目的性就是产品功能，产品功能的实现则是产品内部系统与外部环境相互联系和作用的结果，其作用的秩序及能力决定了产品系统的功能意义，体现着产品系统的深层关系。产品正是通过内部系统与外部环境的联系和作用，将产品的表层结构（产品的要素和结构）转化为深层结构，实现产品的功能。

（三）产品外部系统

在产品生命周期中，从产品流通到废弃物处理、能源再生和再利用是产品功能实现的过程，形成了产品外部系统。影响产品外部系统的因素是多方面的，诸如市场销售环境、消费者的状况（包括年龄、性别、消费理念、文化品位、风俗习惯等）以及国家的政策法规等，这些都会对产品功能的实现产生影响。同时，由于产品实现其功能的过程往往是产品与不同生活方式的人之间交互作用的动态过程，不同的消费者在不同环境中对同一产品的理解和使用方式也不尽相同，因此使得产品的功能意义复杂化和多样化。

二、产品系统设计的思维方式

产品系统设计的思维方式主要体现在从产品内部系统的要素和结

构之间的关系、产品与外部环境之间的相互联系、相互作用、相互制约的关系中综合地考查对象，从整体目标出发，通过系统分析、系统综合和系统优化，系统地分析问题和解决问题。

（一）系统整体性——产品定位

产品系统的整体性是产品系统设计的基本出发点，即把产品整体作为研究对象。设计的目的是人而不是物，产品作为实现生活方式的手段，必须在一定的时空环境、文化氛围和特定人群组成的生活方式中通过系统的过程，在各种相互联系的要素的整体作用下，才能实现产品系统的功能意义。因此，在设计之前明确产品设计的系统过程和整体目标，即明确设计定位，是十分必要的，产品系统的设计将围绕产品的设计定位展开。

（二）系统分析、系统综合和系统优化——产品形成

系统分析和系统综合是相对的，对现有产品可在系统分析后进行改良设计，对尚未存在的产品，可以收集其他相关资料通过分析后进行创造性设计。一个产品的设计涉及使用方式、经济性、审美价值等多方面内容，用系统分析、系统综合和系统优化的方法进行产品设计，就是把诸因素的层次关系及相互联系了解清楚，按预定的产品设计定位，综合整理出设计问题的最佳解决方案。

基于设计定位限定的方案所要考虑的因素十分复杂，以木椅为例，通常有造型、构造、连接等结构关系和材料、色彩、人体工程学、价格等要素特征，这种将功能转化为结构、要素的过程就是系统分析。结构和要素的变化都可以使方案呈现出多样化的特征，在多种方案中，需要在错综复杂的要素中寻找一种最佳的有序结构来支配各要素，用最符合设计定位的方案设计生产新产品，这个过程就是系统综合和系统优化。

创意是设计师最核心的竞争力，有很多人认为创意水平主要看天赋，对此笔者持不同的观点，笔者认为任何意识必然来源于现实中的映射，创意也有它的客观规律性，经过多年的实践和探索，在本书中分享一下笔者认为最好用、最有效的集中创意方法。

第四章　产品设计实用方法探究

第一节　头脑风暴法

一、头脑风暴设计法的概念

头脑风暴设计法（Brainstorming）是一种利用组织、集体产生大量创新想法、思维、思考、主意的技术方法，强调激发设计组全体人员的智慧。在产品设计中采用这种方法，通常是举办一场特殊的小型会议，使与会人员围绕产品外观、功能、结构等问题展开讨论。与会人员相互启发、鼓励、补充、取长补短，激发创造性构想的连锁反应，从而产生众多的设计创意方案。在这个阶段的讨论过程中，无须过分强调技术标准等问题，着眼点主要集中于产品创意本身。理想的结果是罗列出所有可能的解决方案。这种通过集体智慧得到的思维结果相比个人而言，更加广泛和深刻。

头脑风暴设计法于 20 世纪 40 年代由被誉为"创造工程之父"的亚历克斯·奥斯本（Alex Faickney Osborn，1888—1966）在其著作 Your Creative Power 中作为一种开发创造力的技法正式提出，原指精神病患者头脑中短时间出现的思维紊乱现象，病人会产生大量的胡思乱想。奥斯本借用这个概念来比喻思维高度活跃，打破常规的思维方式而产生大量创造性设想的状况。后来英国"英特尔未来教育培训"将其作为一种教学法提出，试图通过聚集成员自发提出的观点，产生一个新观点，进而使成员之间能够互相帮助，进行合作式学习，并且在学习的过程中，取长补短、集思广益、共同进步。

二、头脑风暴设计法的特点

（1）极易操作执行，具有很强的实用价值。

（2）良好的沟通氛围，有利于增加团队凝聚力，增强团队精神。

（3）每个人的思维都能得到最大限度地开拓，能有效开阔思路，激发灵感。

（4）在最短的时间内可以批量生产灵感，会有大量意想不到的收获。

（5）几乎不再有任何难题。

（6）可以提高工作效率，能够更快更高效地解决问题。

（7）可以有效锻炼一个人及团队的创造力。

（8）使参加者增加自信、责任心，参加者会发现自己居然能如此有"创意"。

（9）可以发现并培养思路开阔、有创造力的人才。

（10）创造良好的平台，提供一个能激发灵感、开阔思路的环境。

三、头脑风暴设计法的应用

运用头脑风暴设计法进行创意讨论时，常用的手段有两种：

一是递进法，即首先提出一个大致的想法，所有成员在此基础上进行引申、次序调整、换元、同类、反向等思考，逐步深入。

二是跳跃法，不受任何限制，随意构思，引发新想法，思维多样化，跨度大。在创意过程中，设计组的每个成员都要积极思考，充分表现出专业技能和个性化的思维能力，进而在较短的时间内产生大量的、有创造性的、有水准的创意。

在产品概念设计过程中，头脑风暴设计法发挥了重要的作用。它以集思广益的特性在短时间内迅速产生大量设计创意构想，并通过对各种可行构想进行分析归纳，由设计师通过综合思考得出结论，产生最终设计方案。随着经济的蓬勃发展，产品创新需求不断增加，头脑风暴设计法必将在产品概念设计中应用得日趋广泛。

第二节　奥斯本检核表法

所谓的检核表法：是根据需要研究的对象之特点列出有关问题，形成检核表，然后一个一个地来核对讨论，从而发掘出解决问题的大量设想。它引导人们根据检核项目的一条条思路来求解问题，以力求比较周密的思考。

一、内容简介

奥斯本的检核表法是针对某种特定要求制定的检核表，主要用于新产品的研制开发。奥斯本检核表法是指以该技法的发明者奥斯本命名，引导主体在创造过程中对照 9 个方面的问题进行思考，以便启迪思路、开拓思维想象的空间，促进人们产生新设想、新方案的方法。该方法主要面对 9 个大问题，即有无其他用途、能否借用、能否改变、能否扩大、能否缩小、能否代用、能否重新调整、能否颠倒、能否组合。

奥斯本检核表法是一种产生创意的方法。在众多的创造技法中，这种方法是一种效果比较理想的技法。由于它突出的效果，被誉为创造之母。人们运用这种方法，产生了很多杰出的创意，以及大量的发明创造。

亚历克斯·奥斯本是美国创新技法和创新过程之父。1941 年出版的《思考的方法》中提出了世界第一个创新发明技法"智力激励法"。1941 年出版世界上的第一部创新学专著《创造性想象》，提出了奥斯本检核表法。

二、优势

奥斯本核检法是一种具有较强启发创新思维的方法。这是因为它强制人去思考，有利于突破一些人不愿提问题或不善于提问题的心理障碍。提问，尤其是提出有创见的新问题本身就是一种创新。它又是一种多向发散的思考，使人的思维角度、思维目标更丰富。另外核检思考提供了创新活动最基本的思路，可以使创新者尽快集中精力，朝提示的目标方向去构想、去创造、创新。奥斯本检核表法有利于提高发现创新的成功率。

创新发明最大敌人是思维的惰性。大部分人思维总是自觉和不自觉沿着长期形成的思维模式来看待事物，对问题不敏感，即使看出了事物的缺陷和毛病，也懒于去进一步思索不爱动脑筋，不进行积极的思维，因而难以有所创新。检核表法的设计特点之一是多向思维，用多条提示引导你去发散思考。如奥斯本创造的检核表法中有 9 个问题，就好像有 9 个人从 9 个角度帮助你思考。你可以把 9 个思考点都试一试，也可以从中挑选一、两条集中精力深思。检核表法使人们突破了不愿提问或不善提问的心理障碍，在进行逐项检核时，强迫人们思维扩展，突破旧的思维框架，开拓了创新的思路，有利于提高了发现创新的成功率。

利用奥斯本检核表法，可以产生大量的原始思路和原始创意，它对人们的发散思维，有很大的启发作用。当然，运用此方法时，还要注意几个问题。它还要和具体的知识经验相结合。奥斯本只是提示了思考的一般角度和思路，思路的发展，还要依赖人们的具体思考。运用此方法，还要结合改进对象（方案或产品）来进行思考。运用此方法，还可以自行设计大量的问题来提问，提出的问题越新颖，得到的主意越有创意。

奥斯本检核表法的优点很突出，它使思考问题的角度具体化了。它也有缺点，就是它是改进型的创意产生方法，你必须先选定一个有待改进的对象，然后在此基础上设法加以改进。它不是原创型的，但有时候，也能够产生原创型的创意。比如，把一个产品的原理引入另一个领域，就可能产生原创型的创意。

三、核心和做法

奥斯本检核表法的核心是改进，或者说，关键词是改进。方法是通过变化来改进的。

其基本做法是：首先选定一个要改进的产品或方案；其次，面对一个需要改进的产品或方案，或者面对一个问题，从不同角度提出一系列的问题，并由此产生大量的思路；最后，根据第二步提出的思路，进行筛选和进一步思考、完善。

四、实施步骤

（1）根据创新对象明确需要解决的问题。

（2）根据需要解决的问题，参照表中列出的问题，运用丰富想象力，强制性地一个个核对讨论，写出新设想。

（3）对新设想进行筛选，将最有价值和创新性的设想筛选出来。

五、注意

（1）要联系实际一条一条地进行核验，不要有遗漏。

（2）要多核检几遍，效果会更好，或许会更准确地选择出所需创新、发明的方面。

（3）在检核每项内容时，要尽可能地发挥自己的想象力和联想力，产生更多的创造性设想。进行检索思考时，可以将每大类问题作为一种单独的创新方法来运用。

（4）核检方式可根据需要，一人核检也可以，3～8人共同核检也可以。集体核检可以互相激励，产生头脑风暴，更有希望创新。

六、问题

奥斯本的检核表法属于横向思维，以直观、直接的方式激发思维活动，操作十分方便，效果也相当好。

下述 9 组问题对于任何领域创造性地解决问题都是适用的，这 75 个问题不是奥斯本凭空想象的，而是他在研究和总结大量近、现代科学发现、发明、创造事例的基础上归纳出来的。

（一）用途拓展

现有的东西（如发明、材料、方法等）有无其他用途？保持原状不变能否扩大用途？稍加改变，有无别的用途？

人们从事创造活动时，往往沿这样两条途径：一个是当某个目标确定后，沿着从目标到方法的途径，根据目标找出达到目标的方法；另一个则与此相反，首先发现一种事实，然后想象这一事实能起什么作用，即从方法入手将思维引向目标。后一种方法是人们最常用的，而且随着科学技术的发展，这种方法将越来越广泛地得到应用。

某个东西，"还能有其他什么用途？""还能用其他什么方法使用它？"……这能使我们的想象活跃起来。当我们拥有某种材料，为扩大它的用途，打开它的市场，就必须经常进行这种思考。德国有人想出了 300 种利用花生的实用方法，仅仅用于烹调，他就想出了 100 多种方法。橡胶有什么用处？有家公司提出了成千上万种设想，如用它制成：床毯、浴盆、人行道边饰、衣夹、鸟笼、门扶手、棺材、墓碑等等。炉渣有什么用处？废料有什么用处？边角料有什么用处？……当人们将自己的想象投入这条广阔的"高速公路"上就会以丰富的想象力产生出更多的好设想。

（二）借鉴、启发

能否从别处得到启发？能否借用别处的经验或发明？外界有无相似的想法，能否借鉴？过去有无类似的东西，有什么东西可供模仿？

谁的东西可供模仿？现有的发明能否引入其他的创造性设想之中？

当伦琴发现"X光"时，并没有预见到这种射线的任何用途。因而当他发现这项发现具有广泛用途时，他感到吃惊。通过联想借鉴，现在人们不仅用"X光"来治疗疾病，外科医生还用它来观察人体的内部情况。同样，电灯在开始时只用来照明，后来，改进了光线的波长，发明了紫外线灯、红外线加热灯、灭菌灯等。科学技术的重大进步不仅表现在某些科学技术难题的突破上，也表现在科学技术成果的推广应用上。一种新产品、新工艺、新材料，必将随着它的越来越多的新应用而显示其生命力。

（三）属性改变

现有的东西是否可以做某些改变？改变一下会怎么样？可否改变一下形状、颜色、音响、味道？是否可改变一下意义、型号、模具、运动形式？……改变之后，效果又将如何？

如汽车，有时改变一下车身的颜色，就会增加汽车的美感，从而增加销售量。又如面包，给它裹上一层芳香的包装，就能提高嗅觉诱力。据说妇女用的游泳衣是婴儿衣服的模仿品，而滚柱轴承改成滚珠轴承就是改变形状的结果。

（四）放大、扩大

现有的东西能否扩大使用范围？能不能增加一些东西？能否添加部件，拉长时间，增加长度，提高强度，延长使用寿命，提高价值，加快转速？……

在自我发问的技巧中，研究"再多些"与"再少些"这类有关联的成分，能给想象提供大量的构思设想。使用加法和乘法，便可能使人们扩大探索的领域。

"为什么不用更大的包装呢？"——橡胶工厂大量使用的黏合剂通常装在一加仑的马口铁桶中出售，使用后便扔掉。有位工人建议黏合剂装在五十加仑的容器内，容器可反复使用，节省了大量马口铁。

"能使之加固吗？"——织袜厂通过加固袜头和袜跟，使袜的销售量大增。

"能改变一下成分吗？"——牙膏中加入某种配料，成了具有某种附加功能的牙膏。

（五）缩小、省略

缩小一些怎么样？现在的东西能否缩小体积，减轻重量，降低高度，压缩、变薄？能否省略，能否进一步细分？……

前面一条沿着"借助于扩大""借助于增加"而通往新设想的渠道，这一条则是沿留"借助于缩小""借助于省略或分解"的途径来寻找新设想。袖珍式收音机、微型计算机、折叠伞等就是缩小的产物。没有内胎的轮胎，尽可能删去细节的漫画，就是省略的结果。

（六）能否代用

可否由别的东西代替，由别人代替？用别的材料、零件代替，用别的方法、工艺代替，用别的能源代替？可否选取其他地点？

如在气体中用液压传动来替代金属齿轮，又如用充氩的办法来代替电灯泡中的真空，使钨丝灯泡提高亮度。通过取代、替换的途径也可以为想象提供广阔的探索领域。

（七）调换思考

从调换的角度思考问题。能否更换一下先后顺序？可否调换元件、部件？是否可用其他型号，可否改成另一种安排方式？原因与结果能否对换位置？能否变换一下日程？……更换一下，会怎么样？

重新安排通常会带来很多的创造性设想。飞机诞生的初期，螺旋桨安排在头部，后来，将它装到了顶部，成了直升飞机，喷气式飞机则把它安放在尾部，说明通过重新安排可以产生种种创造性设想。商店柜台的重新安排，营业时间的合理调整，电视节目的顺序安排，机器设备的布局调整……都有可能产生更好的结果。

（八）反向思考

从相反方向思考问题，通过对比也能成为萌发想象的宝贵源泉，可以启发人的思路。倒过来会怎么样？上下是否可以倒过来？左右、前后是否可以对换位置？里外可否倒换？正反是否可以倒换？可否用否定代替肯定？……

这是一种反向思维的方法，它在创造活动中是一种颇为常见和有用的思维方法。第一次世界大战期间，有人就曾运用这种"颠倒"的设想建造舰船，建造速度也有了显著的加快。

（九）综合分析

从综合的角度分析问题。组合起来怎么样？能否装配成一个系统？能否把目的进行组合？能否将各种想法进行综合？能否把各种部件进行组合？等等。

例如，把铅笔和橡皮组合在一起成为带橡皮的铅笔，把几种部件组合在一起变成组合机床，把几种金属组合在一起变成种种性能不同的合金，把几件材料组合在一起制成复合材料，把几个企业组合在一起构成横向联合……

应用奥斯本检核表是一种强制性思考过程，有利于突破不愿提问的心理障碍。很多时候，善于提问本身就是一种创造。

第三节　创意十二诀

创意思考法："创意十二诀"的检核表法。

"创意十二诀"由国内学者张立信等依据检核表法的原则，创出十二种改良物品的方法，概要如下。

核心概念的概要（陈龙安，1997）：

增添、增强、附加在某些东西（或物品）可以加添些什么呢？或可以如何提高其功能？

例如，手提电话上加添"微型防狼发声器"及"电子游戏"等功能。

删除，减省在某些东西（物品）上可以减省或除掉些什么呢？也许会给人耳目一新的感觉。

例如，长袖的防风褛在两肩加上拉链，便可随时变成背心。

变大，扩张伸延令到某些东西（物品）变得更大或加以扩展。

例如，扩大一辆汽车变成"七人家庭"的旅行车。或把一把伞子扩大成为露天茶座的太阳伞。

压缩，收细缩细、缩窄或压缩某些东西或物品。

例如，将电视机或手提电话变得更薄更轻巧。

改良，改善改良某些东西（物品）从而减少其缺点。例如：皮鞋的底部混入"防震软胶"，从而减少对足部的劳伤。

变换，改组考虑改变某些东西（物品）的排列次序、颜色、气味等。

例如，将无色清淡的碱性饮品变成"蓝色"带"草莓"味的健怡饮品。

移动，推移把某些东西（物品）搬到其他地方或位置，也许会有别的效果或用处。

例如，将计算机键盘的输入键位置设计具可调校的功能，使它更接近人体双手的活动位置，从而更方便用者使用。

学习，模仿考虑学习或模仿某些东西或事物，甚至移植或引用某些别的概念或用途。

例如，"轻"而"硬"的钛金属本应用于太空飞行工具之上，但商人善用其他特色，应用于制造手表外壳的技术上。

替代，取代有什么东西（物品）可以替代或更换。

例如，利用"光盘"代替"磁盘"来记载数据。

连结，加入考虑，把东西（物品）连结起来或可加入另一些想法。

例如，将三支短棍以金属链相连，变成三截棍。

反转，颠倒可否把某些东西（物品）的里外、上下、前后、横直等作颠倒一下，产生焕然一新的效果。

例如，设计一件底面两用的风褛，风褛的内里也可成为另一件不同颜色图案的新"衣裳"。

规定、规限考虑在某些东西或事物上加以规限或规定，从而可以改良事物或解决问题。

例如，某些政府严格限制外汇的出入境数额，从而减少被"国际投机者"冲击其金融市场。

某些国营的大企业严格限制外资拥有其股份数量，从而阻止自己国家的经济命脉落入外资的手中。

总结而言，以上简介了一些较常用的检核表。不过这几种检核表虽然形式相同，但各有不同的功能。教师在使用时，因应不同的教学目标，而引入合适的检核表法，以达至预期的学习效果。

　　"设计没有国界，但是设计师有祖国"。

　　这是笔者一直以来的底线思维之一，就产品设计本身来说，笔者抱着研究学习的态度，学习过许多国家的设计作品，但是近几年也出现了某些国家和国外企业不尊重我们国家的情况，它们通过产品，通过宣传来做思想渗透，甚至抹黑我们的文化，这是我们每个爱国的设计人应该高度警惕和抵制的，我们要取其精华去其糟粕，抱着批判的学习的态度来进行研究，同时要坚持四个自信，特别是文化自信，作为一名设计师，首先更要认真地研究我们国家优秀的传统文化，将我们的文化发扬光大！

第五章 优秀产品设计案例赏析

第一节 对日本、欧洲实用陶瓷产品
设计案例分析

瓷器是中国古代的一项伟大发明，至今有着几千年的历史和工艺传统。历史上中国陶瓷对日本、欧洲的影响深入且广泛，其陶瓷工艺在受中国古代陶瓷文化艺术强烈影响和启迪下，随着时间的推移和各地传统工艺美术融合在一起，继而产生各自的特征。时至今日，日本、欧洲许多实用陶瓷产品以其独特的设计、精湛的工艺技术，成为世界陶瓷品牌的佼佼者，并在当今市场中占有重要份额。本章选取日本、欧洲销量以及知名度相对较高的实用陶瓷品牌进行设计分析，希望以此能够为中国实用陶瓷产品的发展提供一定的参考和借鉴。

一、日本陶瓷产品设计案例分析

1. 造型设计分析

陶瓷艺术是一种特殊的文化形态，具有鲜明的形式特点和浓厚的艺术魅力。陶瓷造型自成体系，别具文化品格，具有丰富的科学技术和文化艺术内涵。从古到今，人类创造了许多优秀的陶瓷作品，这些作品都是基于生活的实际需要，在情感的支配下，依据事物存在与发展的规律，将功能与形式、技术与艺术、物质与精神完美地结合在一起，这里蕴含了人类宝贵的创造经验和智慧。

"造型"是和人类活动紧密相关的。通常说的"造型"具有两种含义：一是创造物体形态的活动；二是创造出来的物体的具体形态。前者是指创造活动而言，后者则是指创造对象的形态和样式。通过对日本陶瓷器皿设计的结构分析，来寻求它设计的独特之处。

日本陶艺大师森正洋于 2004 年开始为无印良品品牌开发"和之食器"系列产品。森正洋先生的陶瓷设计不华丽，也不平凡，不被时代左右，总是展现极为冷静、纯净的白，以简单的线条塑造器皿的外形，表面质感细腻。

（1）线形结构图分析。

第一组，我们从糖罐的顶视图（图 5-1）可以看到大大小小的各种规格的圆形和曲线，这些规格不一的圆很容易让人感受到整个器型的节奏和韵律，这是一种渐次变化形成的韵律。结合侧视图来看，它不仅在形体直径上有变化，而且每段形体的高度也有变化，视觉效果明显地得到了加强，变化层次很分明，韵律感也自然更加突出。糖罐由于罐子体量较小，盖钮为扁圆形，便于单手取拿时食指按压，防止在倾倒时翻落。

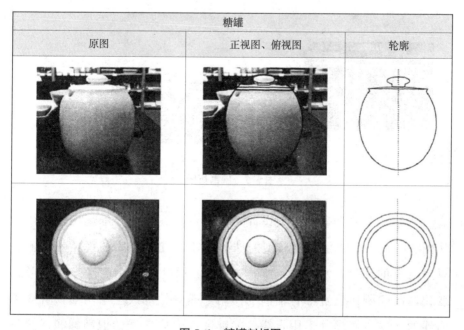

糖罐		
原图	正视图、俯视图	轮廓

图 5-1　糖罐剖析图

这第二组碗大部分运用了曲线和直线的对比，这种曲线和直线的对比运用可谓是刚柔并济、阴阳调和，运用得很到位，恰到好处（图5-2）。从碗口到腹部的轮廓线主要是圆滑的曲线，整个碗只在碗底足的部分运用了直线，直线用得很少但是很重要，她衬托出了碗的主体部分的特点，使得整个碗的主体部分突出而有力。如果用一个正圆来解析这只碗的话，那么碗口处在整个圆的圆心偏下方即整个碗的重心偏低，这是设计者在设计时考虑到了整只碗的使用功能和使用者的心理，一方面重心偏低使得碗的结构坚实而稳定，另一方面也会让使用者产生安全的心理因素。

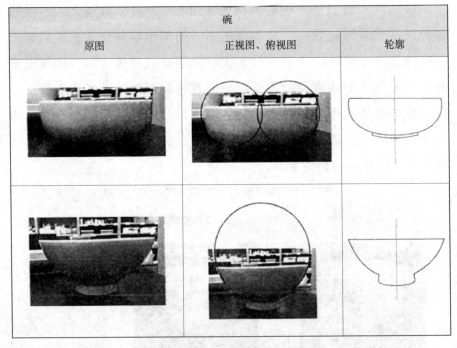

图 5-2　碗剖析图

第三组是整个壶的造型设计对于"点、线、面"的运用比较得体（图5-3），壶钮是一枚典型的珠顶盖钮，在整个壶的视觉效果上有点睛之笔的用处，"点、线、面"中点的用处就是用于确定造型形态变化，明确所在位置都有辅助的作用。壶身轮廓线上下两端为直线和曲线的连接，壶颈处运用直线，能够突出壶底曲线的饱满圆润，使整体造型不僵滞、带有柔和和韵味。线的性质不同，但是层次分明也形成了和谐的关系，壶体口额部分运用不同斜向的处理，使人在视觉上有一种舒展开阔的视觉印象。

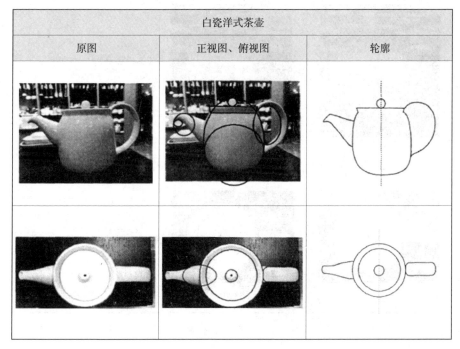

白瓷洋式茶壶		
原图	正视图、俯视图	轮廓

图 5-3　白瓷洋式茶壶剖析图

G 型酱油壶盖子镶入口部，酱油壶的壶身可以看作一个简单的圆形，颈部以矩形连接了壶身与壶口，使圆形到梯形结构的过渡自然、有力，线条明确，可谓"圆中有方，园中寓方"，在变化中得到整体的统一性（图 5-4）。曲线和直线的结合使整个器型具有一定的节奏感，变化比较含蓄，刚柔相济，耐人寻味；壶口与壶颈线的转折变化明显，这是一种比较稳固的结构形式。这种形式具有良好的功能性，在横向上使盖子不会左右移动，比较稳固。壶盖有一定的高度，整个盖子重心下降，在向外倾倒时，盖子仍然不容易滑落。G 型酱油壶壶嘴设计比较独特，壶嘴形态弯曲，弯曲弧度较大，可以看作为两个大小不同的同心圆，这样的设计使罐内的酱料不会在斟倒时沾到瓶身或洒落在餐桌。

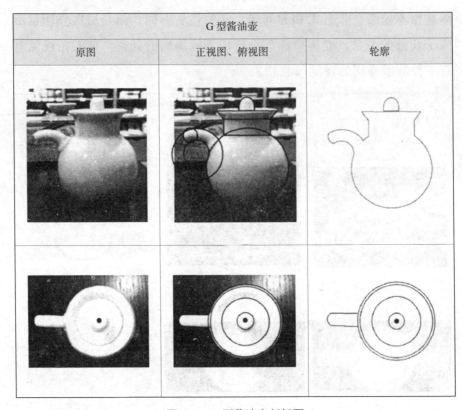

G 型酱油壶		
原图	正视图、俯视图	轮廓

图 5-4　G 型酱油壶剖析图

　　茶壶的盖子呈圆拱形，盖子在盖合之后，与壶身外轮廓线相连接，没有明显的转折与起伏，有较好的整体感（图 5-5）。盖子与主体的关系像是把一个造型形体在上部需要设置盖子的地方截开而成，盖子更好地衬托出肩部造型的变化。盖子结构比较简单，在口部有转折变化的台阶式边口，盖口内径与主体口部外径相吻合，外表面连贯顺畅，表面光洁。盖子直径在 12 厘米以下，所以未使用盖钮，在盖口一侧有小孔，可以使壶内热气向上运动后由此散出。盖口的轮廓线呈直立状态，方便取拿。盖子在造型整体中占有一定的空间，有着明显的体量特征，并处于造型的最上端，有很明显的造型意义。盖子造型单纯、简洁，包含了曲、直线的变化，整体效果简练。茶壶整体风格比较厚重，壶身主体造型以矩形为主，把手的设计具有一定的转折度，从侧面来看，壶身的直线型与把手的斜线型相互呼应。茶壶壶嘴高于壶口，壶嘴曲线流畅，向壶体之外伸展幅度较大，能较好地控制壶嘴向外倒水量，壶嘴根部有较大的鼓起，是为了加大壶嘴根部的横截面，在外观效果上增强了壶嘴的体量感，丰富了壶嘴的造型变化。整体以大小不相同的圆弧重复交替构成轮廓和结构线，有规律的节奏变化具有显著的韵律。

白瓷茶壶		
原图	正视图、俯视图	轮廓

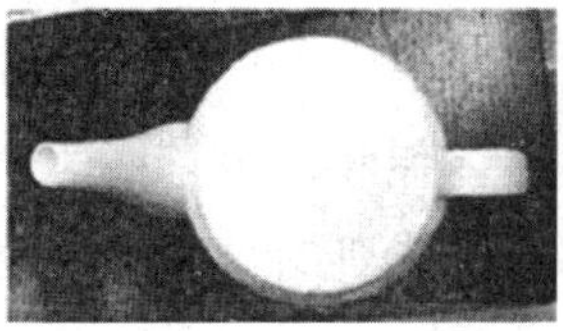	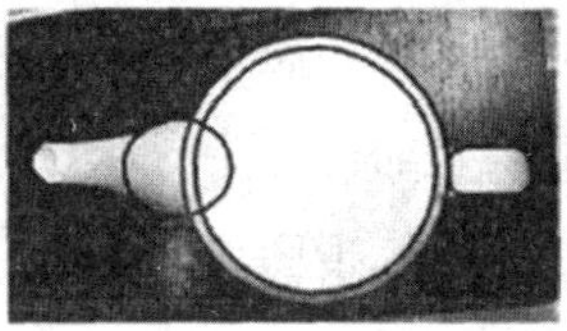	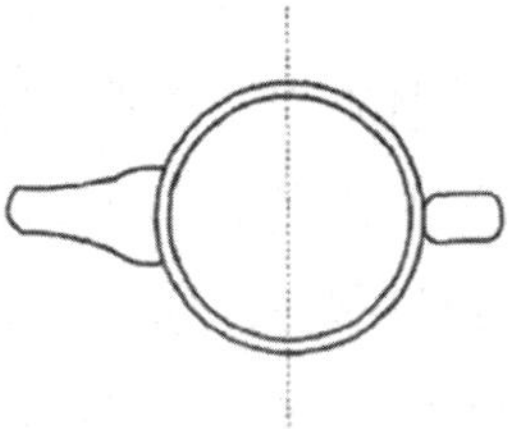

图 5-5　白瓷茶壶剖析图

日式茶壶的顶视图可以看出壶把和壶嘴的位置是一个接近或者是90°的关系，在人们的印象中90°的印象是刚劲有力的是一种有力的表现（图 5-6）。力度一词原本用于音乐，但是现在也越来越多地在造型艺术中用到，这也是人们欣赏完艺术作品后的一种情感倾向和肯定，那么这把日式茶壶把手和嘴就形成了一个很有力的视觉冲击，让人感觉这把茶壶很结实可以很放心地使用。这种对于力量的表现也越来越多地运用在陶瓷的设计制作过程中，让人自觉和不自觉地在慢慢接受，已然逐渐成为形式美的重要组成方面。日式茶壶的把手，以倾斜的圆柱形直接与壶身黏接，具有日本传统特色。

日式茶壶		
原图	正视图、俯视图	轮廓
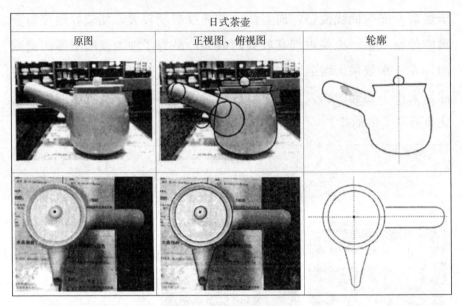		

图 5-6　日式茶壶剖析图

（2）"圆"的文化内涵。

日本陶瓷器皿的造型设计上，整体以圆、椭圆为基础形，以不同的曲线变化产生差异性，在多样的变化中寻求统一，线和面的结合，使整体效果简洁、舒适、完整。从俯视图可以看出，这些器皿的每一部分由上而下依次可以看作一组同心圆，单纯的造型不失乏味，丰富的造型不流于繁缠琐碎。圆形具有很高的对称性。一个中心为对称的圆形，绝不向任何一个方向突出，可以说是最简单的一种视觉样式，圆形的这种简化原则决定了人的视觉对圆形形状是优先把握的。原研哉在其海报中也运用了简单的圆来代表一具空的容器（图 5-7）。

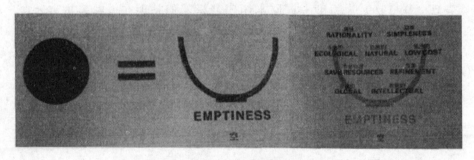

图 5-7　原研哉海报

古希腊哲人们认为："一切平面图形中最美的是圆形，一切立体图形中最美的是球形。早在日本平安中期，圆形就出现在家徽（家纹）中，是最常见的形态；在面的形态中，圆形的形象完整，结构简单，视觉感强，适合能力广泛。圆形虽然形式上简单，但给人以美感，体现出温暖、集中、醒目、和善、圆满的特点。日本文化所推崇中的简单意向——在空无一物的空间里配置一点东西的构思方式，即使在亚洲也属于特例。

而这些都根源于日本的美学传统"重视细节，重视自然，讲究简单、朴素，讲究美学的精神含义。例如茶室海报的设计中，碗被放置在朦胧的光影中，与远处的山或者近处的庭院或仅仅是庭院里的几块洁净的石头相呼应。画面寂静、寥落，不由萌发一种"万籁此俱寂"之感，仿佛一无所有，却又无比充盈。画面通过"碗"造型的简单、古朴，体现出了对"无"的突破，碗与外部空间融为一体，看似空无一物的碗却体现了品牌"无"的概念，即禅宗提倡的"无，亦所有"的思想，同时还通过"空寂"和"闲寂"的审美观念所营造的氛围，引导受众去思索、去领悟。今道友信在《东方的美学》一书中有一段话对此做了最好的注解："在超越无的思维里，精神获得最高的沉醉，这样的沉醉越过无之上，将精神导向绝对的存在。"所谓绝对的存在，是在相对的世界之外实存着的东西。美学是存在之道，其精神体系的最高点，就是与作为绝对的东西——美的存在本身在沉醉里获得一致。

艺术的意义就在于它使精神开始升华，艺术唤起了我们审美的觉醒，结果，我们的精神就以某种方式超越了世界。

（3）禅宗的影响。

圆形频繁见于日本设计之中，更是成为能代表日本民族的图腾符号，又充满了文化的象征意蕴。日本陶瓷器皿设计，以圆形为主要设计元素，虽然视觉样式简单，但体现了日本文化中推崇的简单意向，圆形的应用，同禅宗在日本文化中的影响关系深厚。日本人对于佛教禅宗的信仰，形成日本人简朴、单纯、自然的文化。日本禅宗"无常"和"虚无"的观念，更着重突出了"无"；日本的某些品牌的"无品牌"的概念与禅宗思想的"无"所出一致，"无"使日本禅宗的美学意境独具特色。

日本美术、武士道、剑道、儒教、茶道等与禅的关系深刻，禅在日本文化中有如此深远的影响，使人们为之震惊。铃木大拙认为："所谓禅乃表现着日本的灵性，并非说禅在日本人生活中有根深蒂固之关系，而是说，日本人的生活本身即是禅，2004年日本某品牌以"家"为主题和概念，对产品进行编辑，使7000多种产品以普通而简洁明快的设计融入其中，陶瓷器皿设计对于以"家"为概念、设计理念而言，只是其生活中的一部分，设计师深泽直人以"无意识"的观点所设计的壁上型CD音响和加湿器等，也体现了对空间的合理利用，以最简洁的设计线条表现器物的外形，使焦点聚集在实用与功能之上。

禅的思想为设计理念设计出的产品融入日本人生活的每一个角落。在日本人的家里，尽量不摆放什么东西，以保持简单朴素，干净整洁的状态，所以在产品的设计上通过各种组合，创造一种自由、和谐的生活空间。例如日本陶瓷的盘子，不仅联系着刀叉，还有冰箱、沙发及储藏方式，他们相互之间保持着兼容性，使生活简单化。这种"简单"体现了禅宗思想中人与自然的和谐，简单的朴素之美。

禅无视一切形式，将人们的注意力转向内部的真实，以最简单的形式传达思想和理念。"空""无"不仅指形式上的复杂，它还提供给我们一个自由想象和发挥的空间，正如日本陶瓷的宣传海报，提供给观众"空"的理念，线性碗的结构被当作一具空的容器，观众才能够自由地将他们的各想法和愿望放入其中。"空"并不是空荡荡，虽然内容很少，但也是具有存在感的。有这样一句话："白纸也是花纹的一种，能够填补心灵上的空白。""空"，大大丰富了我们的感知和理解力，"看似空无一物，却能容乃百川"，无和有、空与色，具有一种潜在的力量。

日本陶瓷器皿在造型设计上，以简洁、质朴，实用性与艺术性为主，将绿色自然的观念演变为社会大众的一种自然的生活方式或生活形态，"无"的设计理念渗透其中，体现了一种单纯、简约、空灵的意境。禅宗崇尚去除生活中多余的物品，倡导经过艰苦的修行达到事物本身最真状态的境界，在禅宗思想指导下的简约朴素迎合了现代设计运动反对装饰的原则，摒弃繁杂的形式可以最大限度地帮我们诠释设计的力量。圆形的简洁、变化、自然的特征恰好满足了这种禅宗文化精神延续传承而来的"禅境"美。"无何有"与"虚无"或者是"寂"有异曲同工之妙，什么都没有就是无为，然而却有着不同的价值观，看似无用的东西，其内涵却是相当丰富的，正因为是"空无"容器，才有收藏东西的可能性，其拥有未然的可能性就非常丰富。"我们不是用豪华去让人倾倒，而是用简约让人着迷，这种简约是中国人、德国人、日本人、波兰人都可以用的一个概念。人类终有一天要变得理性，这种情况之下，我们会看到简约比豪华更好"。这是种抱朴守真的人生态度，清静恬淡的精神境界，崇俭抑奢的生活信条，和光同尘的处世方式，身重于物的价值取向，天人和谐的生态观念。

（4）日本传统茶道文化的凝结。

日本陶瓷产品设计中茶具的整体设计风格与日本茶道文化有着密切的关系。"茶道是日本陶艺的一种契机，是民族文化的凝聚物，以至在现代工业文明的冲击下大家对它怀有一种深切的感情"。日本生活中陶艺茶具的发展是茶道活动与器物接触的重要因素之一，在整个过程中体现了人与物之间微妙的关系。茶道仪式中的"和静清寂"更是纯净的精神与禅学思想的反映。"和"对于大和民族的日本文化而言，所谈的是一种中庸与和谐之道，尤其日本的美学更是强调非对称与不均衡的和谐之美，所以"和"原是茶室中住客相待之礼，也就是以和为贵，并就此延伸、演绎为人与人、人与物甚至是人与环境间的和谐。茶室中的相关器物，无论是茶碗、茶瓢、茶勺等直接性的茶道用具，以至于茶室墙上的挂画、花器或插花的技巧等等无一没有手工制作的痕迹，尤其是茶碗的设计，更强调一种不均匀或者留有明显手作痕迹在其中，从中呈现出一种静谧、雅致的生活之美。

日本茶道发展至今，原有的审美理念依然保存了下来，以桃山时期千利休为代表的茶道美学观依然可在现实生活中见到。粗朴的茶碗、带有瑕疵的茶器、只有两张榻榻米大小的茶室，都被认为是美的，这种"闲寂"，这种独特的美学都与禅宗思想有着紧密的联系。在茶道文化中，陶瓷、插花等都包含在这种传统文化之中。

在战国时代，随着茶道在下层民众间的普及，日本社会爆发了一场盛况空前的"茶具热"。一件名茶具往往价值连城，将军将茶具作为奖赏赐给战争中的功臣，甚至有人为了得到一件梦寐以求的茶具不惜牺牲自己的性命。与此同时，对茶具的鉴赏也逐渐形成一种统一的审美标准。随着草庵茶道的日渐兴盛，由入宋的僧人带回的名贵华美的陶瓷器物被日常生活中普遍的器物所替代，当时多用的天目茶碗由中国传入，被茶人奉为至宝。村田珠光之后，日本茶道的审美取向逐渐转向简朴，华丽的中国茶具逐渐淡出日本茶道，日本茶人在器物的使用上日渐本土化，他们以独特的眼光发现平凡之美，最终高丽茶碗被视为具有独特美感的艺术品并随之提升到了艺术层面成为茶道中陶瓷器具的主角。高丽茶碗种类很多，以"井户"茶碗最为出名。井户茶碗的特色是碗体呈批把色，全体挂釉，质地不均匀，常夹杂有斑点和龟裂。有人说日本茶陶艺术的美略带伤感，这或许就是日本茶陶给人带来的感触吧。随后千利休以"闲寂"为理念亲自设计，结合美学理念与陶工长次郎共同创造了厚重质朴的乐茶碗，其实用价值和美学高度统一，造型一直沿用至今。乐茶碗的设计制作，开创了茶道历史上以茶人自身的审美情趣为基准来设计茶具的先河，茶具也由此真正实现了本土化的转变。千利休说："无论任何生活用品都能成为艺术品，都是美的体现，都表现了人们的聪明才智。"茶具是人们对茶道的第一印象，多以本色或自然色为主，无虚饰之感，给一种古朴、典雅的美的感受，一个茶碗，不仅要求实用，而且还要求有一定的欣赏价值，能让人在饮茶中得到美的享受。

2. 装饰设计分析——"简"

日本的陶瓷设计形式统一，结构精简，去除了一切与功能无关的设计与装饰，形成了洗练无华的风格。这种风格是日本传统审美与极简主义美学相互融合的结果，简单、素雅之美是日本审美的重要一部分，设计更多地回归到其本源。原研哉曾说："所谓的简约不是把所有的东西都去掉，我们是有设计理念在里面的。我们需要的是最低限的设计，是终极的设计，不是无设计。"

日本设计师足立香里说，在进行艺术创作或日常生活当中，日本人大都以"减法"作为重要的、基本的方法，删繁就简，力求简约，这也正体现了禅宗思想的"无"。在日本，没有"减法"的艺术不被认为是成功的艺术，没有"减法"的生活不被认为是健康、积极、符合日本传统规范的生活。禅宗崇尚去除生活中多余的物品，倡导经过艰苦的修行达到事物本身最真状态的境界，它更多的是强调物品的本质，无装饰会使注意力更多地放在器皿的使用功能以及手感之上。放下一切具有视觉冲击的形式，并不意味着一味地简化，而是以适度的原则进行设计，还原了产品设计的本质，还原了价值的意义。在禅宗思想指导下的简约朴素迎合了现代设计运动反对装饰的原则，摒弃繁杂的形式可以最大限度地帮我们诠释设计的力量。在快节奏的现代都市，禅宗思想的"无"体现了简约之美，带给人们更多的宁静。

日本现代陶艺家为了体现泥土的本色，常用素烧或熏烧等方法来完成陶艺作品，使其呈现出朴茂和雄浑的艺术风格，粗糙的质地、随意的形态，繁杂与简约的对比，无不体现出陶瓷材料的自然本色之美。这种简素的美学主张与禅宗美学中"空寂"的意境作了现代的发挥。

禅宗思想的"无"与"空寂"还体现在了海报设计中，它以地平线作为一座体量惊人的空容器，图像并不代表任何具体东西。相反，它容纳一切东西，它给了我们无障碍的视野，让我们一下子看到天地之间的一切。这是一种高度成熟的本质内涵，以最简单、洗练的方式呈现出来。再者，模棱两可或者形式的开放性，一直是日本设计的典型特征，也是传统美学观念"余白之美"，更是造就了从"空""无"中感受最丰富且无限的想象空间。禅宗思想的"寂"虽然是一种孤独无助的状态，然而却也因为这种不具特殊性格的独立性，反而更能与周围的人、物或环境产生各种的对话或联结。

原研哉设计的海报与其陶瓷器皿设计都充分体现了"无，亦所有"的理念。删繁就简、去除浮华、直逼本质，以简约纯粹来贴近人心，让人感悟其简朴、诚实的设计精神。在面对各种各样的变化时，把纷繁复杂划归到原始的起点，以最自然、合理、简单的方法来重新审视，或许就是禅对设计的影响所在。

3. 色彩设计分析——"白"

日本陶瓷器皿大多选取白色釉料，白色的大量运用使我们感觉到设计师乃至整个日本对白色近乎"狂热"的喜爱。白色在日本有重要的象征意义：象征尊贵，象征生命的力量，象征神圣，象征清明、纯洁和善良。日本人天生就对自然原色有一种喜爱之情。"白"是所有颜色的合成，同时又是所有颜色的缺失——无色。作为一种脱离颜色的颜色，它很特殊。换句话说，颜色仅是"白"的一个单独方面。只要它避开颜色，并因此更强烈地唤醒物质性，它就是一种材料，它如一种空的空间或边缘，孕育着时间和空间。它甚至含有"无"和"绝对零"这样的抽象概念。可以说白既是全色也是无色。色彩学家琢田敢先生在其《色彩美学》一书中写道："色的联想就多数人来说具有其共通性。"一般地说，它与传统密切相关，按照色所含的特定内容，色的象征性既有世界共通的东西，也有一些由于民族习惯而不同的东西。通过所运用的色彩，能使之传达出设计的意义。日本人的审美意识最早起源于对自然美的感悟。这种"无中生有"的设计理念也是禅宗思想"有限既是无限，多即是一"的体现。

原研哉的思考来自深植其灵魂的日本文化与日本本地企业的忠诚精神，在日本美学的表现上，他坚持日常生活、创造未知、五感以及他最钟爱的"白色"的表现。

中国书法中有位置、留白疏密、空间宽窄、间架外形、顾盼应接、线条等考量，原研哉的"白"引申为材质的颜色、抽象中可体会的"白"、留有余韵的"余白"、纸料的白，在他的设计中，白色是线条、空间、留白、位置之外的主体，白色带出了未知的探索，白色带领观者看设计时对意义的追寻想象，白色在日常生活中也净化了生活中的淤泥杂色。白色不带任何意义的时候甚至可以成为隐形的设计，让观看使用设计的人们，用五感去体验设计。

日本陶瓷器皿设计在色彩上表现出的"无"与日本饮食观念也有一定的关系。日本料理不仅仅是平常的饮食，也是日本独特的文化形式之一，料理所用的器皿之多和每个器皿之中所盛菜肴之少是其很显著的特点。四面环海的岛国，四季分明的季节的敏感性渗透在日本的饮食文化中。日本人多喜鱼类、贝类等新鲜食材，料理也强调使用当季的新鲜食材，所以日本料理中食器的色彩与食物的搭配、摆放相互呼应。日本料理可以说是味觉、视觉艺术的结合，饮食具有独特的料理文化并增加了情趣。日本料理的主要特点是口味清淡、讲究色形、重视自然风味，生食种类较多，在《日本食文化当议》一文中曾指出，"日本人的饮食观念，特别是古代，与中国的饮食观念大相径庭。从日本关于饮食方面的文献中可以反映出，日本在古代，饮食文化被认为是低级庸俗的文化。武士统治的德川时代，他们接受的教育是快吃、快泄、快走。傲为男人，不要考虑食物的内容是什么。到了近代，日本人才渐渐开始从营养学的角度考虑饮食的问题。随着时代的进步，日本的饮食结构也逐渐地科学化，多种类的饮食观念深入人心。关于现代日本食文化的特点，可以用"五味、五色、五法之菜"来表达，"五味"即甜、酸、辣、苦、咸；"五色"即白、黄、红、青、黑；"五法"即生、煮、烤、炸、蒸的烹调方法。从这里可以看出，日本料理强调食物的色彩、口味及做工。日本人喜欢保持食物原有的色泽，对于无色的，就配上色彩鲜艳的花果，使料理具有一定的观赏性，他们会根据不同的季节、不同的菜肴选择与之相配的器皿，这些器皿要从颜色、形状、质地方面做选择。同时对于生活节奏较快的日本人，只有晚餐较为丰富，早餐、午餐大多以便当为主。

日本设计师根据日本特有的饮食文化，对餐具进行设计，以符合日本人的饮食和使用习惯，在色彩上无论杯或盘都以无垢纯净的白色为基础色，呈现出极简的设计风格，纯白的色彩更能体现食材或者酱汁的原始色泽，就像千利休曾经说过："无色之白是最纯净且色彩最丰富的。"加上造型的简洁无华，无论什么样的季节都能很好地呈现食材色彩之美。在朴实无华中，展示更多自然天成的美。

　　许多日本设计师受着传统的精神文化影响，以传统为基础根源进行设计。就日本陶瓷产品而言，陶瓷器皿设计，用简单的造型、原始的材质，摒弃多余的标签，达到一种更接近自然、更贴近内心的状态，还原物品原本的面貌。它的造型简洁、朴实，价格适中，在寻找最合适的素材、加工方法、商品模式时，也体现了"简约""质朴"的审美和价值观。

　　日本著名民艺理论家、美学家柳宗悦先生提出，器物是为我们服务的生活用品，应当具备"民众""实用""多量""廉价""寻常"的基本特性，这些设计品能与人们共同生活，纯朴、亲切、货真价实、品质优良，这才是"民艺品应具有的德性"。民艺运动是日本传统手工艺发展新的起点并由此向前推进，在此理论指导和影响下，日本陶瓷艺术有了新的生机和活力，对陶瓷艺术的传承及发展都起到了积极的推动作用，树立了日本人对民族文化传承的信心，对日本传统文化的保护和发展做出了贡献，为今后日本民艺的发展确立了方向和基础，他注重生活的自然之美，将美与实用、美与生活紧密联系，对日本现代陶瓷艺术乃至日本当代设计的方方面面也产生了巨大而深远的影响。

二、欧洲陶瓷产品设计案例分析

（一）芬兰琦尔塔陶瓷设计案例分析

　　"北欧设计"这个概念是在第二次世界大战之后才开始传播和盛行的。1900年巴黎世界博览会上，瑞典、丹麦的陶瓷、家具、金属工艺，挪威、冰岛的新艺术染织，芬兰的建筑设计都表现出清晰、和谐的理性魅力。温馨浪漫的情调和含蓄优雅的设计语言折射着北欧的社会理想和人民的社会期望，并激发外界对宁静和谐的田园生活的渴望和憧憬。因此，北欧设计不仅向世界展示了独具北欧特色的设计风格，更加宣扬了通过设计而传播的社会理想。随后在北美和欧洲的巡回设计展览，最终使全世界对北欧设计投下了各种赞许和崇拜的目光，北欧经典设计时期从此拉开帷幕。

卡伊·弗兰克是芬兰设计师，他所提倡的实用主义影响了几代人，成为第二次世界大战后芬兰设计界的领衔人物，并发动了芬兰陶瓷和琉璃设计的发展，影响整整一代芬兰消费者的取向。

弗兰克在进行实用陶瓷的设计中，形成了极具个性的设计原则：明快的色彩、简洁的造型、异于成套的搭配、产品的多功能性等。弗兰克的设计方案对北欧人的日常生活具有极高的实用性，改变了芬兰家庭的餐桌面貌，所以他的设计被丹麦评论界誉为"餐桌上的革命"。它包含着包豪斯进步的功能主义成分，即他所偏爱的"几何精神"，这正是革命性的一个方面所在。

1953年，卡伊·弗兰克完成了"kilta"的设计。"kilta"在造型上显示出对几何形的偏爱，例如圆形、正方形、矩形的盘子，圆柱形的盖碗和茶杯，圆锥形的调味瓶等，为了方便使用，都在直角处做了圆弧形的过渡。为适应多样化的市场，在设计中采用了系列配套的设计思路，并以多种釉色供消费者选择，以满足迅速增长的城市中产阶级的要求和个人趣味。均匀的釉面上不加任何装饰，北欧设计中的人情化在细节中得以呈现，烘托出家居产品的温馨气氛。其陶瓷餐具设计充分考虑了色彩的协调性，相互间易配合，不易磨损褪蚀，配以原木塞、藤编托架等材料制作的相关部件，使全套产品散发出北欧设计传统中注重运用自然材料的讯息。几乎各式餐具下部内收，以适合摞叠存放，为此碗盖采用了扣盖结构，厚胎瓷质，坚实耐用。它的实用性及在品味、价格上的准确把握为其销量提供了保证。1953—1974年，销售量达2100万件的"kilta"成为经典。20世纪80年代时经过一次修改，到现在仍然十分畅销，经久不衰。

弗兰克以前在谈到他早年作品时说："我不愿为外形而设计外形，我更愿意探究餐具的基本功能——有什么用处？我的设计理念与其说是设计，不如说是基本想法。"而卡伊·弗兰克设计的一个用来存放奶油的白色小瓷瓶更是成为他设计哲学的标志。它外形简单，看上去十分普通。然而关键在于她的尺寸——窄小的瓶颈、狭长的身体，正好可以夹在双层窗户的空隙之间，由于刚刚经历了第二次世界大战，国民经济状况极为惨淡，手头拮据买不起冰箱的老百姓便可以在漫长的冬季利用"天然冰箱"储存奶油，并且可以用这个小瓶子不断地到商店里去续买新鲜奶油。这个具有传奇色彩的小瓷瓶到今天还在生产。即便现在家家都有了冰箱，它的简洁和实用仍然是很多芬兰人日常生活的首选。

1. 芬兰陶瓷设计风格

芬兰的陶瓷设计将艺术带入到日常使用的陶瓷餐具当中，将日用瓷与艺术相结合，创造出了具有美学品位的陶瓷用具。芬兰的陶瓷设计具有一定的独立性，曾是欧洲最大陶瓷厂之一的 Arabia，一度大量生产复制瑞典产品，从 19 世纪开始为形成自己的个性而不断的努力。设计师有意识地运用和提炼芬兰民族古老的卡雷利亚主体，赋予其现代感，并运用到餐具设计中。芬兰曾长期受俄国统治，处于东西方文化的交汇点之上，它需要以行动和作品证明自己的西方特征，以体现对西方文化的认同感。他通过设计向世界宣示了自己的文化认同感和归属感。工业化、城市化的发展，使人们更欣赏古色古香的传统、返璞归真的乡间。传统设计符号常是民族深厚文化的象征，深厚的手工艺传统一直是芬兰设计十分珍视的一部分。

19 世纪 40 年代，芬兰的设计师批评家对当时的陶瓷设计提出了批评，认为陶瓷设计中存在两个完全分离的极端：日用瓷具品质粗劣低下，陶艺作品则表现出追求完美的精英主义。陶瓷设计究竟是创作艺术品，还是生产面向大众的工业设计产品，这一问题引起了设计师的思考。大众鉴赏水平低，生产企业缺乏足够的艺术指导，当时的设计师们就这些问题提出了相应了对策：一是将设计师与工厂生产过程结合；二是大型企业应致力于生产具有艺术美感、适合大众化生活的陶瓷产品。对于工业化程度不高的芬兰，陶瓷产品成为将艺术与工业化生产连接的桥梁，催生了大量优秀设计。

"19 世纪末，陶艺家阿尔弗雷德·威廉·芬奇对芬兰传统陶瓷设计带来了冲击，他深受当时英国工艺美术运动的影响，接受了英国面向大众的艺术思想——'无所不在的大众化艺术'，抛弃了传统设计的绘饰纹样，以重新探索陶瓷设计中的艺术质量"。他使运用红黏土制作的芬兰传统陶瓷与新艺术风格的设计在技术与艺术上达成统一，研究无装饰主题的造型设计，从东方陶瓷艺术中获得造型与装饰的和谐统一手法，最终产生了质朴、简约，风格清新的实用陶瓷设计。现代设计必须适当地吸收怀旧与传统的样式，在这样的基础之上，新的风格才能顺利成长。从设计风格的角度而言，其设计强调了功能主义，但它并不是包豪斯时代的那样严格和教条的形式。设计中依然采用几何形式，但是这种几何形式常常被"尖锐的直角常常被弧形或S形的曲线代替，僵直的平面形式常常被赋予"人情味"的有机形式取代。20世纪40年代受到构成主义影响而常常用高纯度的原色。50年代逐渐变化成调和的中性及灰性色彩，注重使用天然材料和保持产品表面粗糙的质感，注重民族传统与现代设计的结合以及手工艺的价值。

功能主义设计在芬兰受到文化、环境影响时做了很大的调整，形式上一反德国功能主义作品中常见的冰冷、严肃的几何形，使传统的自然材料与民族特征相互融合，显现出芬兰功能主义对自然、社会的亲和力。

2．芬兰设计风格的成因

第二次世界大战的结束对芬兰而言，意义较大。芬兰并未远离战争，事实上第二次世界大战期间被迫进行了两次对苏联的战争，1944年的"续战"也以失败告终。芬兰遭受了前所未有的重创，人力、财力以及被视为民族浪漫主义的发源地都丧失了。人民被迫迁徙，经济困难，大量人口从农村迁往城市，城市人口迅速膨胀，生活空间拥挤。对陶瓷产品设计而言，造型简洁，能够灵活组合使用，既要节省空间又能用途广泛，易于生产，同时，让使用者和生产者同时受益。适合这种有限住房空间的城市家庭生活日用品就成为设计的主流。

北欧属于严寒气候，除森林资源外其他资源稀少，冬季的白天一般只有 3 个小时的日照，所以北欧人主要在室内进行交流活动。所以北欧人非常重视家居环境，他们更愿意营造出舒适简约的氛围，这使得在物品制作中民族的质朴和人情味自然地流露出来。他们关注公众的日常生活，将设计看作艺术与生活之间的桥梁，使现实得以艺术化的工具和方法。欧洲的设计从兴起之日起，便以日常生活、家具生活为主要的设计对象。它倾心关注普通人的平凡生活，力图以优质设计来满足大众日常之需，通过其精致、优雅、质朴的设计，揭示了掩盖在平凡、琐屑之下的"生活的美"，从而使我们直观地领悟到，每天都要遇到的日常生活原来也有着优雅，也是艺术的一部分。当斯堪的纳维亚设计巡回展览在北美成功举办时，评论家感叹："将斯堪的纳维亚（设计）放入博物馆中，可以教会我们生活的美。"

芬兰是介于东西方之间的国家，但更偏于北方，处于东西方文化的交汇点，独特的地理位置使芬兰在设计上大量吸取富有生命力的西方或北欧邻国的文化，去芜存精，使得功能的和美学的因素积淀到本国传统文化中。

芬兰的工艺与设计也受宗教的影响，主要从民间传统中获得启示。芬兰民族独特的艺术创造性中混合了巧妙的技艺、边远地区的忧伤、耀眼的色彩、灰暗的贫困、异教主义、对美的渴望和忍耐力等不同元素，使得芬兰设计充满丰富细腻的情感和耐人寻味的样式。设计的原型来自他们身边永恒质朴的自然，他们将对大自然的感情倾注到作品中，从与环境相适的造型上选取材料，具有独特、雄浑而沉郁的风格。

芬兰设计师的灵感主要是从自然中获取的，芬兰很多设计师的设计理念和自然中的冰雪有关系。例如，许多芬兰设计师的作品常采用白色作为基本色调，白色是他们寄托对冰雪感情的媒介，也体现了芬兰简洁的设计风格。除了冰雪以外，芬兰人与整个大自然的关系也是非常亲密的。芬兰的地貌颇具特色，整个国家相对平坦，没有高山，70%的国土都被茂密的森林覆盖。芬兰还有一个美丽的称谓——"千湖之国"，湖水清澈，湖面如镜，蜿蜒的湖岸、宁静的湖水、茂密的森林和各种植物为设计师提供了丰富的灵感资源。然而自然对设计的影响并不是反映在装饰上，而是在造型和材料上，在于设计师对自然的充分尊重和理解上，设计不仅仅来自自然，更是自然的一部分。在弗兰克奶油瓶瓶盖的设计上，以木材为材料，在有限的资源和空间内，能够更贴近自然、亲近自然。弗兰克的设计宗旨还与芬兰的设计环境和欧洲宫廷文化影响下对富裕、排场的追逐倾向相对应，北欧诸国的消费态度及生活观显示出整体上的一致，皆倡导平实简朴的生活哲学而排斥程式化的奢侈和炫耀。弗兰克以作品普遍的适应性及艺术化所具有的内在的美质，来满足人们日常生活的真实需求。为了追求这一目的，北欧设计中的人文功能主义思想深受弗兰克的推崇，他相信在其指导下产生的美才是深刻、真实而永恒的。

芬兰设计师认为简单的造型设计同样能够更好、更直接地表达设计的理念和情绪。他们充分考虑人使用时的舒适度和情绪，把人机工程学的理论与实践结合，精确计算每一条线和每一个转折，使简单的细节蕴含更多的内容。简单的造型对工艺、设计、生产都有更高的要求，对设计师也是一种挑战。芬兰人崇尚自然，对自然的依恋具有明显的特征，芬兰设计师皮特·恩奎斯特的作品名字取自芬兰境内的一座山名，以自己国土的山名来命名作品，可见设计者对民族自然的热爱。

芬兰设计简约，注重功能性的设计风格和设计路线，不被外界流派所动摇，如"后现代""高技派"，20世纪80年代的"新经典"，90年代又回到"艺术装饰"和"新"北欧设计风格与历程。芬兰的设计在与外界文化频繁接触交流、碰撞的过程中努力保持自己的民族传统，创造了自己实用陶瓷设计的个性。

北欧设计以其深厚的工艺传统为根本，辅之现代人文功能主义的手法，借助高新技术手段，赋予工业化生产产品人情、温情、浪漫的生活格调。它将美的品质注入到大众化的产品中去，将北欧文化中的民主精神细致入微地体现到日常生活领域。

北欧设计的独特性主要表现在为公众的日常生活而设计的理念、

民主设计的思想、人文功能主义的信念，以及在面临外来影响时对自己的优秀民族工艺传统的继承与发扬的态度等，这一切都将给中国当代设计在新的国内和国际环境下谋求发展以丰富、深刻的启示。

（二）德国迈森陶瓷产品设计案例分析

欧洲第一座瓷厂诞生于德国，在欧洲瓷器发展史上占有重要地位。迈森，位于德国西南部德雷斯顿专区的小城，是德国有名的"瓷都"，素有"欧洲瓷器之源"的美誉。机械化生产的今天，是什么使手工艺制作的陶瓷品牌依旧被誉为经典经久不衰？机械化生产固然重要，然而手工艺的传承也并不是如有些人想的那样是现代化设计的负担，来了解一下德国著名的陶瓷品牌迈森。这个企业在德国国内的营业额占总营业额的70%，30%在国外。特别是在日本，无论什么形状的迈森瓷器，都是一种可求的高贵的财富。1999年在日本第一次营业额就达到1000万马克（2002年，马克被欧元取代），增长就超过了5%。迈森瓷器还在迈森、德累斯顿、柏林、魏玛、埃尔富特、卡尔斯鲁厄和汉诺威设有分厂；在世界范围内的300多个专业销售商所经营花色品种当中，均有来自迈森的被称为"白金"的瓷器，特别是在欧洲、日本及远东更受欢迎。

1. 迈森陶瓷产品特点

迈森手工瓷器制造场以出产高档瓷器而著称，这里生产的瓷器凝如脂、白如玉，被欧洲人称为"白金"迈森手工瓷器的优美造型体现在造型的繁简有序中。无论是繁辑的古典写实性作品，还是简洁的现代抽象性作品，无不洋溢着热烈的、使人振奋的生命气息。从18世纪以来不断交替的艺术与手工艺风格流派中不断地自我调整。迈森白瓷系列的造型简洁而具有张力，白瓷质地坚硬，与流动的线条相互融为一体，刚柔相济，具有天然去雕饰般的朴素之美，迈森传统中的高度造型技巧充分体现。迈森的装饰也极具特色，金绘作为装饰手法之一，主要用在杯或碟的沿口，使瓷色更具光泽感及力度。迈森的瓷器气质优雅高贵，金色的运用作为一道特殊的色彩与其他颜色实现纯粹的色彩交融。瓷器工场烧制的瓷器坯料洁白度很高，且黏性好，耐火性强。原料的白陶土年产量约为三百吨，由目前欧洲由最古老之一的白陶土矿开采而来。

世界瑰宝——"白金瓷器"——德国的梅森手工瓷器这个矿井为迈森所有，工场工人们在自己独特的小矿井里开采生产瓷器用的白陶土，这在工场创办时，也创造了一项奇迹，矿井是德国最小的矿井，只能容纳 4 名矿工。目前，这个小矿井也为瓷器工场增添了光彩。如今工场虽然已采用了许多高科技辅助手段，但仍以手工和古老绘画术维护着企业的传统形象。今天的瓷器生产显然已不可与旧时的炼金术同日而语了，唯一保密至今的则是彩绘颜料的配制。迈森陶瓷产品的设计，几乎每件的背后都有一个生动的故事，有些出自《圣经》，更多的则源于在西方广为流传的民间传说或是日常生活。这些人物个个表情生动，比例均匀，大有呼之欲出之感。这类瓷器的制作工艺非常复杂，所有的加工程序全部用手工完成。为了一个新的造型设计，或是不同的色彩搭配，最多时要在不同炉温的窑中反复烧制七八次，耗时两三个月之久。

1974 年，海因兹·威尔纳（Heinz Werner）彩绘了"一千零一夜"（Arabian Nights）图案，这组珍贵的瓷器彩绘主题，既延续传统，又开启新的方向，因为这个以人物为主的图案，典雅浪漫又充满想象力，最大的特色是人物姿态生动丰富，背景还详细地描绘东方世界的屋舍摆设或秀丽风景。因而，这些图案完美地呈现了独一无二的现代Meissen 彩绘文化。

凡尔赛玫瑰：1850 年拿破仑登基的御用名瓷，也是 300 年迈森的镇牌之宝。薄如蝉翼的黄金是艺术家纯手工描在还未上釉的瓷器表面上，再进行烧制的。边缘与器身普遍装饰有从罗马帝国时代流传下来的独具特色的葡萄叶纹路，呈现经典的皇家巴洛克风格。底色为迈森独家秘制的"Royal Blue 国王蓝"，以华丽的手工描金，勾勒流畅的瓶身线条，栩栩如生的花卉图案完全由迈森资深艺术家手工绘制。

2．迈森陶瓷设计理念

德国的迈森手工瓷器厂建于 1710 年，历史悠久，以纯手工制作闻名遐迩，迈森窑像其他欧洲名窑一样，极其重视传统，一方面精心保存老模子，经常旧模翻新，以此保护和传承传统的瓷器样式和装饰技法；另一方面继承古老工艺，在建厂近 300 年后的今天，仍采用传统的制模、旋坯、成型、彩绘、施釉等手工艺，瓷器保持着古雅高贵的传统本色。迈森瓷器整套制作流程较长，每件成品都是经过 80 多道工序，通过手工精心制作而成。所用色彩都是按秘方配置的，该厂的颜料实验室对外严格保密，而且为其产品独家使用。一个普通的瓷杯大概要 126 天，部分产品甚至长达半年的制作周期。在我看来，正因为德国人的这种严谨，造就了德国产品的超高品质。迈森瓷器厂还保存了历史上所有生产产品的 3 万多种模具和 17 万种花色品种。凭借这些模具，顾客甚至可以订购 300 年前瓷厂曾经生产过的瓷器。这些至今保存完好的模具实际上就是一部完整的德国瓷器发展史。每一件迈森瓷器都是通过不同的模具倒模制作而成的。瓷器上装饰的花瓣、人物雕像头部的关键部分，都是先把陶土填入模子中成型后，再由工人逐件组合于主体上。对于一些设计复杂的瓷品来说，制作工程历时几个月也是非常正常的事情。迈森的瓷器原料来源于萨克森的高岭土，瓷器的造型经过欧洲文化和传统的熏陶和磨炼更具特色。3 个世纪以来，每一件迈森瓷器都是由工艺师手工塑性、手工绘制。彩绘、造型师都必须经过数十年的艺术与技术培养，能在每件创作上融入不同时期的艺术风格，以其高雅设计、皇家气质，展现近 300 年来的欧洲艺术史。白色底盘上，弧度优美的两把蓝剑交错成迈森百年经典的象征，暗喻着至高无上的品位。迈森在创作及出品初期，几乎完全是由欧洲皇室和贵族使用的，并且常常作为皇室之间馈赠的礼物。例如俄国的叶卡捷莉娜大帝、普鲁士的弗雷德里克大帝、温斯顿·丘吉尔的家人和荷兰王室都是热爱迈森瓷器的佼佼者。时至今日，迈森瓷器仍是德国最热门的外交礼品之一，美国总统奥巴马第一次访问德国时，德国总理默克尔就送给奥巴马一对迈森袖口，由此可见迈森瓷器的尊贵高雅的身份象征。自 1991 年起，弗莱堡·萨克森州将迈森窑厂作为具有深厚文化意义的州属财产。作为数百年古老传统的维护者，它保留了在别处早已消失了的手工化工艺及技能的艺术世界。18 世纪以来，翻模师和造型师继承古老的手工陶器制模技术，根据瓷土性能加以改进，全面掌握各种特殊制模技艺，制瓷工序的划分更加科学，就器物的成形来说，手工、艺术、技术相结合，工艺更加繁复精细，品种多样，器物种类几乎无所不包：餐具、塑像、群像、烛台、钟表、音响机壳、桌子、镜框，以及各种小摆设等。

在迈森众多精美的藏品中难以发现狂迈大胆的先锋派设计。从 60 年代起，迈森瓷器厂有一个负责图样和装饰品更新的艺术家小组。1995 年，他们推出了 35 年来最新一代花瓷餐具"波浪"。

如图 5-8 所示，上图为迈森陶瓷传统造型，下图以迈森陶瓷传统造型为基础，把手和杯口曲线的运用，给人视觉上一种柔和、流畅、起伏、饱满的美感，以自由曲线为轮廓线，形态变化自然，有收有放，杯口向外扩展较为丰满，杯底向里收进较为紧束，没有明确的线角转折，整体感较强，突出了圆味，并有一定的亲切感。

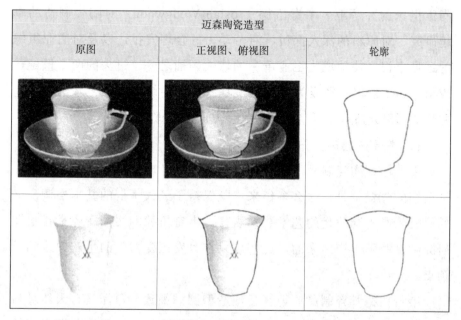

迈森陶瓷造型		
原图	正视图、俯视图	轮廓

图 5-8　迈森陶瓷造型

从古老的中世纪又回到了今天，几百年来迈森似乎又没有什么根本的改变，艺工们的手艺和技巧仍是最重要的，许多传统的名贵品种依然保留，欧美各国和其他国家的客商仍趋之若鹜、络绎不绝。

其实瓷器在欧洲的发明和发展，也不过 300 年的时间。但是当瓷器作为一项生活物品进入到德国人的生活中。它便不仅仅是生活物品了。严谨的德国人用他们一贯的精神，赋予了瓷器更多的内涵及艺术性。我们无需抱怨德国人为什么把一个小小的瓷杯卖得那么昂贵，或许我们需要思考的是，究竟有多少我们老祖宗留下的财富，还在我们手里无度地挥霍着？

（三）英国韦奇伍德陶瓷设计案例分析

韦奇伍德是世界知名的实用瓷品牌，其精致骨瓷餐具曾作为 1902 年罗斯福总统白宫之宴、1935 年玛丽皇后号豪华邮轮首航、1933 年伊丽莎白女王加冕典礼这三场世纪著名盛宴中的主要餐具。韦奇伍德在骨瓷的研究上具有巨大贡献。Wedgwood 诞生于 1759 年，由被尊称为英国陶瓷之父的乔舒亚·韦奇伍德（Josiah Wedgwood）创办。出身于陶工世家的乔舒亚·韦奇伍德（Josiah Wedgwood）对陶瓷制造的卓越研究、对原料的深入探讨、对劳动力的合理安排，以及对商业组织的远见卓识，使他成为工业革命的伟大领袖之一。过去的两个世纪，Wedgwood 公司已经成为世界上最具有英国传统的陶瓷艺术的象征，并且如同民族遗产一样受到来自许多方面的敬重。

1. 韦奇伍德陶瓷产品特点

韦奇伍德陶瓷制品由众多艺术家参与设计，从豪华的整套餐碟，到精细的骨瓷茶具，这么多年来，既保持了经久不变的基本格调，又始终融入了不同时代的艺术装饰语言。韦奇伍德的实用陶瓷是在长期研究和试验下生产出来的，这些成果在"女王瓷器"的生产中达到了顶点。

韦奇伍德骨瓷制品质地轻巧，造型圆润细致，色泽具有天然骨粉独有的奶油色，胎体平滑、清澈光泽，或以金银色金属边勾勒瓷器轮廓，绘色浓重，凸显皇家贵族风范，或以典雅清新风格点缀英伦田园风光；既有适合家庭使用的古典类型，也有符合现代社会生活的简约风格，人、环境和产品达到高度和谐。

韦奇伍德瓷器还有着精致的工艺，有良好的透光性和保温性，能减缓茶和咖啡在杯中热度的散失，还具有难以想象的牢固度，如果将一个餐碟倒置于地面，一个成年人站上去也不会破碎。它的产品的技艺，为千篇一律的工业制品增添了生命的亮色。

创立250多年以来，韦奇伍德以高贵品质、质地细腻、高度的艺术性、洗练的创作风格风行全世界，秉持着手工的传统，也将陶瓷的制作提升为艺术的创作。在融合各地陶瓷文化精华的同时，也注重保持它经典的英国本土元素，是文化精神和文化情感的延续。自然，韦奇伍德品牌制品所特有的英伦气质并具有古典主义特征的设计，成就了一个文化符号。

2. 韦奇伍德陶瓷品牌成功因素

其品牌创始人韦奇伍德，在英国工艺的发展历史和18世纪的工艺观念的演变中，是一个重要的典型人物。他十分注重世界知名人士作为顾客对公司的重要性，将最精美的一套早餐奶油陶器送给英国夏洛特女王，又为她特制瓷器茶具，换来了女王答应以自己的名字命名韦奇伍德的瓷器，即著名的"女王瓷器"。另外，该品牌把俄国女皇叶卡捷琳娜二世订购的952套餐具（图5-9）在伦敦公开展览，"让所有伦敦人看见这些日用瓷器"。通过利用名人效应，加上产品自身设计理念的独特和高质量，韦奇伍德的品牌影响力便能迅速扩展。

然而，"女王瓷器"真正意义在于确定了瓷器制作严谨合理的工序，不变的流程和统一的标准。同时，在制作模具和彩绘的阶段，采用传统的手工绘制的装饰形式，生产了大量规格统一、质量上乘的优质餐具。这也正是韦奇伍德产品发展的重要原因之一，并使得英国的陶瓷业在工业化的进程中获得长足的进步。

图 5-9　俄国女皇叶卡捷琳娜二世订制的餐具之一

　　韦奇伍德的成功并不完全因为他在产品开发上的远见，同时他有效的管理也是重要因素之一，在工厂内他尽可能地有机化和合理化。他的瓷厂也开始摆脱旧时陶瓷工艺制作给人留下的原始方式的感受。他还开挖运河，穿过工厂，以降低原料和产品运输上的成本。纵观韦奇伍德陶瓷产品，可以发现它并不是以手工劳动的机智和勤奋而获得成功的，而是以一种现代工厂化生产和管理方式以及工业化产品的设计模式而在当时的商业化市场竞争中获胜。

　　这么多年来，Wedgwood 陶瓷制品由众多艺术家参与设计，从豪华的整套餐碟，到精细的骨瓷茶具，既保持了经久不变的基本格调，又始终融入了不同时代的艺术装饰语言。Wedgwood 制品售价高昂，因为其中包含了很多纯手工制作工艺，花纹的描制也不都是在流水线上进行和完成的。它的图案设计非常丰富，既有传统的细花图案，也有许多现代图案的融入、光泽度鲜亮，做工非常细腻、手感好。陶瓷所需的上好材料和工匠每一步细致入微的工序，也耗费了大量的资金。至今还有不少产品以手工制作，因为就所要求的素质而言，还没有任何机器能达到手工的水准。完全由工笔绘制的餐具，艺术品的成分远远比它本身应该有的实用成分要大得多吧。

Wedgwood 陶瓷制品造型始终保持简约高雅而不失单纯的风格，纹饰多从自然中获取灵感，一改欧洲传统复杂纹样，将自然界绘于瓷体表面，每一件都犹如艺术品。

从国际实用瓷品牌的建设可以看到，精细的质量、不断创新的思维、结合传统文化与现代知识，是一个成功实用瓷品牌长盛不衰的基石。每个地区的不同文化以及产品本身的定位，又决定了品牌策略的各不相同，品牌的国际化品牌策略都与植根于每个地区的文化基础有着深深的联系。韦奇伍德游走于想象力与实用性之间，将艺术价值与生活完美地结合。这是它与传统的不同所在，也是吸引力所在。

他山之石可以攻玉，通过对日本、欧洲实用陶瓷产品设计案例分析，我们不难发现传统文化在实用陶瓷产品设计中的重要地位，对比现代中国实用陶瓷产品设计现状，或许对我们不无启示和借鉴。中国是陶瓷的发源地，有着几千年前的发展历史，今天在世界陶瓷市场占据主流影响的却是欧洲、日本，曾经的辉煌成为过去，MADE IN CHINA 陷入了尴尬的境地。但这个科技信息发达的时代又为我们提供了奋起直追的契机，在学习先进中找到差距，打造属于民族的陶瓷设计品牌。

第二节　中国博物馆宋代院体花鸟画纺织类文创产品设计分析

一、宋代院体花鸟画中的精英文化特性

（一）以宫廷贵族需求为依托的精英文化取向

院体画的兴起得益于宫廷权贵的喜好，它以宫廷贵族的需求为创

作依据，且多服务于拥有较高的政治地位和文化修养的人群。统治者为院体画家提供了良好的创作环境和条件，让他们可以不为生计所束缚，追求更高层次的精神表达。院体画家多出自学识过人、技艺超群的文雅之士，他们将自身独到的自然观、生命观和格物致知的思维方式融入创作中，因此，此类作品拥有较高的精神价值与文化价值。宋代院体花鸟画的审美情趣一定程度是贵族阶级、知识精英的审美情趣的体现，具有统帅和引导人生价值关怀的作用，可以间接性启发其他等级文化思维和生活方式。

宋代院体花鸟画作为精英文化，常受限于传统的艺术观赏模式，被束之高阁。借助现代大众文化的渗透性和传播性，其所包含的文化价值可以更好地传播和创新应用。但是，大众文化本身存在平面化、大众化的特点，我们需要深入剖析宋代院体花鸟画的文化特征，提取与现代精神与审美生活有联系的文化基因，以轻思维、巧传播的形式将两者有机融合，实现其在新的发展空间中的可持续发展。

（二）宋代院体花鸟画的文化表现特征

什么是"院体"？宋代赵升在《朝野类要：唐宋史料笔记》卷二中写道："院体，唐以来翰林院诸色皆有，后遂效之，即学宫样之谓也。"此文对"院体"一词做出了定义，即院体画，自唐朝翰林院就已经有了，后人效仿他的绘画风格，也就是学习宫廷里的绘画样式。宋代院体画作为中国工笔绘画的最高成就，尤以院体花鸟画最为突出。绘画领域的花鸟画，并不只是以花和鸟为题材，它应该从广义方面来理解，除了花鸟还包括草木虫鱼、飞禽走兽等动物在内，是一个更为广泛的概念。宋朝时期的文化核心思想是综合了"道、佛、儒"三家思想形成的"理学"，在理学的影响下，宋朝美学思想推崇"尚理重意、重意尚趣"。因而，造就了宋代院体花鸟画独特的美学思想、应物象形的造型表达、缜密细致的构图设色以及"诗化"的意境营造等文化表现特征，这些都是文创产品设计潜在的可供发展的素材宝库。

宋代院体花鸟画的发展大概可分为四阶段：①沿袭五代时期"徐

黄异体"花鸟画风格的北宋初期，这一时期的主要画家代表有：黄荃、徐熙、黄居寀、徐崇嗣等；②打破拘于"黄体"一家画的格局，追求创新改革的北宋中期，这一时期的主要画家代表：易兀吉、赵昌、崔白、郭熙等；③推崇"诗书画印一体"，由宋徽宗开创的宣和体时期，这一时期的主要画家代表：赵佶、李安忠、韩若拙等；④多以篇幅较小的方形图页和圆形团扇出现，追求内容以小见大的南宋时期，这一时期的主要画家代表有：林椿、李迪等，南宋时期的作品也是宋画真迹留世最多的。宋初，院体画多倾向于章法严谨、设色相对富丽的"黄荃风格"，究其缘由，宋初国家刚刚结束动乱的战局，社会仍然处于紧张、局促的状态，各方面的秩序感是社会稳定和政权迫切需要的。院体画作为服务于统治阶级的官家画院，构图规范严谨，笔法精细、工整的"黄荃风格"透露着宁静祥和"富贵意绪"更加符合统治阶级思想需求，因此被推崇。宋中期，国家百年无事，国富民强，在王安石变法的影响下，以崔白为代表的画家不安于绘画风格刻板的现状，也实施了变革。元代夏文彦的《图绘宝鉴》中记载："宋画院较艺者，必以黄举父子笔法为程式，自白及吴文瑜出，其格遂变。"此中的白就是指崔白，他一改黄家拘谨的风格，画面静中有动，打破了格式化、模式化的风格，更加贴近自然注重写生，画面灵动鲜活。而北宋末期，得益于统治者宋徽宗身体力行地完善推广院体画，"画学"盛行，而且宋徽宗大量培养能诗善画的人才，形成了诗意含蓄的绘画潮流。至南宋时期，北宋被金灭国后，政权变迁，迁都江南。此时的南宋统治阶级仍然酷爱书画艺术，大批北宋宣和画院的画家被召集到南宋画院，院体画因此空前繁荣，画风也产生了新的变革，"不似北宋时期多长卷大轴，此时的院体画篇幅较小主要以简洁清远淡雅的折枝小品为主"。

1. 应物象形

南齐谢赫在其著作《画品》中提出了"六法论"，"应物象形"属于六法之一，意指画家描绘的形象与现实物象神似。受理学思想中"格物致知"论的影响，宋代院体花鸟画将这种写实的绘画技艺发展到了极致。院体画家崇尚自然、重视写生、推崇本真，形成种类万千刻画细致入微的花鸟鱼虫形象，展现出"花鸟"最自然的生长状态，极具装饰美感，俨然是一套内容丰富、形式优美的动植物图鉴。宋代《宣和画谱》记载花鸟画作品共一千六百七十多件，张濯清在其课题研究中系统地总结了宋画中涉及的动植物的类型和数量（表5-1），其中禽鸟类尤其丰富。画家对动植物形象刻画和造型动态的表现的传神性令人惊叹。《海棠蛱蝶图》中，作者逼真地刻画了蛱蝶耀眼华丽、五彩斑斓的花纹，仿佛可以看见翅膀迎光时的通透感，微小的触角处也充满了变化。叶子和海棠花的形态运势向右，犹如微风拂过，这也恰是自然写生，穷究事理的成果。再如林椿的《枇杷山鸟图》，画面中黄绿的绣眼鸟，翘尾轻伏着身体欲啄成熟的枇杷果，正巧发现了一只小小的蚂蚁，绣眼鸟定睛端详的神情，栩栩如生。画面中叶子的刻画也极具生意，不仅展现了叶片自然生长的形式面貌，而且破损残缺的美，也在一丝不苟的画笔晕染下真实的再现。叶面反转相悖，伸展卷曲，无一相同，生趣灵动，充分体现出画家高超的写实水平和趣味生动的画面营造能力。

表 5-1　宋画中动植物类型

禽鸟	鹭鸶（铜嘴）、鸭、雀、鹤、鹅、雁、鹰、鸡、山鹧、䴙䴘（紫鸳鸯）、鹁鸽、鸠、鹦哥、孔雀、雉（野鸡）、鹊鸠、鹤、黄莺、鸽、雕、戴胜、凫（野鸭）、伯劳、鹡鸰（小水鸟）、黄鹂、鹦鹉、雁、鸿、燕、鸳鸯等
植物	梅、兰、竹、菊、牡丹、芙蓉、莲花、杏花、梨花、桃花、百合、芍药、夹竹桃、水蓼、蜀葵、菊、海棠、玫瑰、萱草、石榴、茶花、黄葵、荔枝、蔬果
动物	猿猴、猫、鹿、兔子、乌龟、鱼、螃蟹等

在纺织品设计发展中，动植物纹样是最为常见且大众接受度较高的纹样题材之一。以宋代院体花鸟画为蓝本经现代设计方法大胆地创新演绎，形成时尚化、风格化视觉样式，融入现代生活中，不仅可以扩充纺织品中动植物素材的种类，同时为宋代院体花鸟画提供了新的创新发展空间。

2．笔墨章法

"章法"亦称"构图"，宋代院体花鸟画多在立轴、方圆之间构图，"形式主要分为'折枝样式''横竖交叉样式'和'计白当黑样式'三种样式。"折枝样式"指取植物的局部枝条，进行近景细致刻画。宋代院体花鸟画中的折枝讲究"取势"，画面富有节奏和韵律，可分为"一波三折样式""V字样式""三线相辅样式""凌空样式""角落样式"和"对角样式"六种形式（表5-2）。"横竖交叉样式"多见于立轴和条幅的画中，画面布局饱满，内容丰富。宋初多巨幅全景式立轴构图，如黄居寀的《山鹧鸟棘雀图》，泉水山石、荆棘翠竹间，群雀的灵动和山鹧的雍容被描绘得淋漓尽致，画面紧凑、内容充实，物的大小、动静、疏密、主次搭配和谐，形成形式美感。北宋末至南宋多扇面构图，以方形或圆形为框架，"金角银边"的简洁布局，画面留有足够的空白。留白是宋代院体画最主要的构图特征即"计白当黑样式"，"空白"的区域给人足够想象的余地，"虚无之白"营造空灵清远之美。画面中空白处与物象的对比，是"虚"与"实"的对比，画面有一种欲说还休，意在言外的诗意美。

表5-2 折枝式六种类型

一波三折式	三维相辅式	V字式

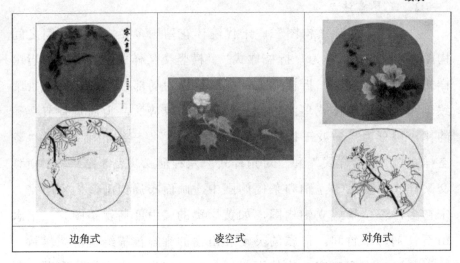

| 边角式 | 凌空式 | 对角式 |

3. 审美意蕴

康德曾经说过，有一种美，人们接触到它时，常常感到一种感伤。镜中花，水中月，虚幻的景象，形象不可捉摸，画家通过意象的组合和笔墨色彩的调和，营造出独特的审美意境，生动可观的景象触动观者产生感悟。不同时期绘画中所呈现的审美意蕴会跟随着社会的审美思潮、人文精神发生改变，大体与当时的哲学及文学思想保持一致。宋代院体花鸟画在当时的文化和社会环境下中，受到"理学"思想及"诗词美学"的影响产生了多样的审美意蕴。因此，联系宋代诗词美学的特征考察宋代花鸟画的审美意蕴是有必要的。宋初时期，院体花鸟画受五代院体画的影响蕴含着富贵意绪的"华美绮丽"之美；至北宋中后期几经变革，院体花鸟画主张自然写生，偏向野情野趣的表现，画面呈现一种"幽致"之美；北宋末，崇尚诗画一律的宋徽宗为提高画院的素质，常以诗命题，要求画家以画之形象表达诗中意蕴，进行画院人才的选拔，院体画形成了"诗意的含蓄"之美；至南宋，社会交替，国家动荡，无论画家是"感时花溅泪，恨别鸟惊心"感慨现实动荡生活的"有我之境"，还是面对岌岌可危的国家局势，寄情花鸟画创作中，不闻窗外事，欺骗自我寻求安宁的"无我之境"，在花鸟画创作上普遍转向"婉约而低沉、含蓄而不外露、平淡而有思致"之美。

无论是哪种意蕴美，大体可依托于色彩、题材、构图、虚实处理等方面得以表现。华美绮丽之美，题材上多珍禽瑞鸟、奇花异石，色彩明丽但不张扬，构图饱满丰富，一片生机热闹之景色，体现出华丽庄重的皇家气质和昌盛的国运；清新平淡的野逸之美，题材多为汀花野竹，水鸟渊鱼，粗笔浓墨，略施色彩，留白较多，留以想象的空间，意境深远宁静；萧条荒寒的幽致之美，题材多为野外萧然景色，山林飞走、败荷凫雁，物象灵动，动态十足，设色清淡，色墨互用。委婉含蓄之美，恰如"苔枝缀玉，有翠禽小小，枝上同宿"的景象。描绘了自然中的和谐美与生命的活力，体现了画家渴望实现人与社会、人与自然的和谐统一。宋代院体花鸟画的宝贵在于"淡妆浓抹总相宜"，不同于唐朝粗犷外放、雍容华贵的气势，造型细腻精致总能给观者一种雅致感。

意境营造的思想情感美，让人们的情绪有所触动，运用特定形象、布局与色彩创设的境，表达主观的意，勾起观者对某个环境、情景的回忆。意境让图像更有意味，更具情趣和表现力。有别于西方纹样设计风格，追求意蕴美也是东方纹样设计的独特性之一。

4. 托物致祥

中国绘画一直讲究传教功能，或是宣扬佛家思想或是宣扬政治思想。较之人物画，花鸟画在教化方面较为薄弱，但它同样具有补益教化功能，以寓意影响群众。宋代院体花鸟以图式间的相互组合，或是祥瑞颂德的花鸟图式，或是草木比德的花鸟图式，通过物象的象征性和类比修辞性，实现以物寓意的目的。赵佶以锦鸡自喻的《芙蓉锦鸡图》、仙鹤盘旋于殿顶的《瑞鹤图》，两幅最具皇家审美特征的花鸟画，很好地诠释了托物致祥的艺术手法。统治者期望喜庆祥和、繁荣昌盛、平安稳定的国运，所以画面中常常出现瑞兽的题材。锦鸡在中国素有"德禽"之称，仙鹤被认为是神鸟，作者用工整细的笔法，把皇家富贵华美的审美意识和至高无上的宫廷地位体现出来，制造理想化的形象，宣扬于市井之间诱导民众，实现宣扬教育功能。所以，宋徽宗认为花鸟画具有"粉饰大化，闻名天下"的能力。花鸟画伦理功能的意喻和象征，主要就是通过程式化的观念性"图式链接"来实现的。这里的"图式链接"意思是为了表达一个主题，把物象进行组合，可以是符合自然秩序的状态，也可以是"理想化"的组合状态。上文中提到的《瑞鹤图》就属于"理想化"的组合，18只仙鹤环绕于殿宇之上，一片祥瑞之兆，现实不存在的场景，被主观创作出来，达到显示祥瑞之兆的作用。

北宋《宣和画谱》中就曾记载："故诗人六义，多识于鸟兽草木之名，而律历四时，亦记荣枯语默之候。所以绘事之妙，多寓兴于此，与诗人相表里焉。故花之于牡丹芍药，禽之莺凤孔翠，必使之富贵，而松竹梅菊，鸥鹭雁鹜，必见之幽闲，至于鹤之轩昂，鹰华之击搏，杨柳梧桐之扶疏风流，乔松古柏之岁寒磊落，展张于图绘，有以兴起人之意者，率能夺造化而移精神，遐想若登临览物之有得也。"在华夏子孙的观念中动植物形象常常代表着某种特定含义，与人的情感诉求相联系。物象所承载的象征寓意，是大众对美好生活的普遍追求，引发情感共鸣。象征性是宋代院体花鸟画独特的文化魅力之一，也是中国本土纺织图案有别于西方图案的设计理念的奥秘之所在，重视象征性、寓意性的组合，意境美的营造，仍然是现在本土纺织图案发展之路不可丢弃的创新点。

二、宋代院体花鸟画衍生品到现代文创产品的嬗变与整合

（一）溯源——传统纺织工艺的粉本

追本溯源，最早的宋代院体花鸟衍生品可以说于宋朝便已经问世，当时没有"衍生品"或者"文创产品"的概念。这时的衍生品也多不属于大众日常生活用品，更多的是为迎合统治者审美喜好，工艺制作者模仿借鉴绘画作品的色彩、构图、元素等方面，利用自己高超的技艺将画作再现，属于欣赏类产品。相比于传统山水画、人物画，花鸟画的轻松愉悦感和装饰效果大于思想教化，不仅画的题材寓意丰富，而且易懂易体会，在文明发达的宋代既赢得了上层阶级也赢得了底层阶级的喜欢。

1. 产生的背景

从文明的角度分析，宋朝有着了不起的文明表现。抛开后世喜欢从国运分析一个王朝的成败，认为宋朝在战乱纷争中一直扮演着懦弱者的角度。其城市文明与现代化程度令人瞠目结舌，拥有着众多近代城市文明的特征，经济发达、商业繁荣、科技先进、意识形态超前。许多汉学家认为，宋朝是现代的拂晓。宋朝作为中国商人的黄金时代，几乎是"全民皆商"，社会各阶级都有人经商。经历了长久战乱后的安宁，人们更加注重现实的利益和眼前的享受，无节制的消费推动了商品经济的繁荣，带动了市民生活的富庶以及文化的普及，加之，统治阶级"重文抑武"的国策，促使宋代文化消费和全民审美能力得以发展提高。可以想象，宋时文化市场的发达程度很高。有文献曰："布衣有李济实酸文，崔官人相字摊，梅竹扇面儿，张人画山水扇。"意思是诗人在市集上当众叫卖自己的诗文，画家为顾客的扇面画花鸟山水图。此外，《图画见闻志》中记载："张侍郎典成都时，尚存孟氏有国日的衣图障，皆黄荃辈画。"可见当时的文化不仅作为文人抒情达意的承载，而且开始出现装饰使用功能和商品经济形态。

宋朝的社会氛围带动了文化氛围的改变，绘画对宗教、神权的宣传淡薄了，精致文雅的花鸟画成为当时的主流文化，受到统治者的重视、文人士大夫的推行。为了迎合统治者的喜好，工艺制作者（主要指钢丝和刺绣工艺制作者）将花鸟画引入创作题材，使产品更具观赏性和趣味性。宫廷设置的工艺机构——少府监，也开始借鉴院体画进行粉本（或称蓝本）的设计，随之，画院样品引领了当时的工艺品纹样仿制。《老学庵笔记》记载："记及南宋绍兴年间，宫中复古殿造御墨，其装饰纹样由禁中降出，实为米莆所画绍兴间，复古殿供御墨，盖新安墨工戴彦衡所造。自禁中降出双角龙文，或云米友仁侍郎所画也。"可见宋代宫廷艺术家已经开始参与宫廷内装饰纹样设计，画家和工艺师共同合作制造服务于当时的上层阶级的用品，宋代院体花鸟画开始出现媒介的转变，衍生到不同于画纸的载体形式上。

2．类别

丝织业在宋朝尤为发达，丝线颜色丰富且操作手法极为精细。如画院一般，宫廷也设有专门掌管刺绣的绣院、掌管织锦的锦院，大规模地集中专业人才。这些专业人才为了迎合上流社会的需求，追求更高层次的织品艺术化，丝织品的审美表现开始向院体画靠近，出现了绣画和钢丝画。此类作品多模仿名人画作，力求展现画中的气韵，佳者更胜原作，工艺作品上升到高层次的观赏性和艺术性范畴。《中国织绣服饰全集》记载："刺绣发展到宋朝，完全进入艺术观赏范畴，刺绣多采用盛极一时的花鸟画名家作品为主，如：黄居寀、赵昌、崔白等为绣稿。"宋朝钢丝和刺绣工艺喜欢用花鸟画做粉本也不是没有依据的，宋朝比任何一个朝代都适合发展钢丝画，两宋时期工笔花鸟的鼎盛，对造型逼真的追求，绮丽的色彩和严谨线条，都是钢丝工艺所需求的，"毕竟钢丝是靠线条和色彩取胜的"。

花鸟画衍生钢丝画作品有很多，代表作品有宋时民间两大钢丝名家朱克柔以及沈子蕃的绳丝画，两者巧妙地将丝织工艺和花鸟绘画结合。其中，朱克柔尤为难得的是她既是一名画家，又是一位擅长钢丝工艺的匠人，所以才会留下的旷世佳作如此精妙绝伦。

由现收集资料显示，宋朝的院体花鸟画衍生品大多为供人赏玩的织锦画、绣画，或是名人所画之屏风、扇面，基本保留了画作原有的样子，仅是以另一种工艺材质完美复制。产品多为艺术品，观赏性大于实用性，并且当时的衍生品做工细致耗时长，属于奢侈品仅限于服务精英权贵阶级。

3．两者相互作用

宋代院体花鸟画向纺织品的衍生过程，促成画作以新的艺术形式再次呈现，应用于更多生活场所中。同时钢丝画的出现也促进了钢丝工艺的发展，丰富钢丝纹样题材，使钢丝工艺脱离了实用物品的领域，日用品转向纯审美艺术品，提高了其文化价值和艺术价值。为表现花鸟真实的色彩、肌理和神韵，艺人将技艺进行调整，突破单一绳法，创新出长短俄绳法。在制造途径和工具上推陈出新，推动钢丝技艺发展到历史高峰。

（二）发展——东学西渐的视觉表现

元明时期，仍有工艺制造者以宋代院体花鸟画为蓝本进行钢丝画制作。纵观中国美术史发展脉络，传统绘画大概分为两类，唐宋时期的工笔画，和元明清时期的写意画。元代以后"写意文人画"兴起，"逸笔草草"的绘画风格成为主流，用笔重"写"轻"工"，设色注"墨"轻"彩"。这样的绘画潮流导致元明时期的主流绘画作品所表现的文化特征与胜在色彩丰富和细节精致的钢丝工艺创作需求匹配度不高，所以，宋代名画作品依旧成为钢丝艺人绳摹的对象之一。

17世纪，大航海时代来临，中国开始向欧洲出口类似于中国传统工笔花鸟画形式的彩色花鸟壁纸，并受到了众多欧洲人的青睐。海上航线打破了地球板块间长期孤立隔绝的状态，拉近了各国之间的距离，引发西方人对异国风情喜爱的热潮，促使西方商家发现商机，生产了大量符合欧洲审美的"法式中国风壁纸"。此类产品的出现，较之前产品，在设计思想上有了巨大的突破，画匠开始自由的表达他们的奇思妙想，突破常规的花鸟画的构图样式，将折枝变成了缠枝，在原画的基础上，花朵越发巨大，树木更加繁茂，壁纸纹样设计慢慢有了设计思维的指导，在原作基础上有了二次创作，产生新的审美形式。

新契机下，寂寞了数百年的宋代院体花鸟画，在18世纪到19世纪清朝的广州地区重新焕发光彩。当时，广州、北京是全清朝仅有的对外开放地，后来广州成为开放贸易港口，出现了一类特殊的画种—外销画。以描绘中国人文、自然为主。适逢18世纪，西方刮起了对东方植物的狂热之风，对东方植物有着强烈探索欲的西方植物学家成为了"岭南植物画"的主要买主。强调科学性严谨性的研究学者，要求此类绘画作品画法极其写实逼真。区别于其他主题外销"行画"的匠气，"岭南植物画"这一类别的外销画，除去些许呆板的作品，大多是具有艺术性的。广州画工绘制"岭南植物画"得心应手,这要得益于宋代院体画格物致知的写生传统,讲究动植物造型准确灵动,写其生意,奠定了极高的审美标准和科学准则。在设色方面,受到院体画的影响,使用颜料多为中国工笔的淡彩植物颜料,勾笔彩染。这些绘画作品被带到欧洲国家后,被争相模仿,影响了当时的壁纸风格,形成以"chinoiserie"为名中西交融的中国风图案样式壁纸,既具有东方花鸟画的写实、设色风格,也体现了18世纪欧洲人的审美特征。简洁的折枝和留白构图形式被转变成繁茂的缠枝形式,以多种植物缠绵盘曲组合嫁接,动物数量众多,画面充实饱满,很符合当时欧洲盛行的洛可可式的堆砌风格,富有动感,繁琐且精致的装饰样式。

新中国成立初期,人们很长一段时间处于基本温饱需求得不到满足的状态,特别是长达三年的自然灾害时期。加上当时中国是一个政治、经济、文化一体化的高度政治化、平均主义社会,经济发展存在"侧重生产、轻视消费"的不平衡倾向。观赏性大于宣教性的花鸟画作品,属于精英阶级的文化产物,与建国初期的社会背景下形成的文化价值观念需求不符。所以宋代院体花鸟画的衍生设计活动,处于少有人问津的状态。

改革开放后,中国由计划经济转变为市场经济,经济改革带动商品贸易的发展。促成消费结构的转型。人们的生活需求更加的多样化,消费观念更加追求生活的品质化和个性化,发展出新的时代特色产物——文化创意产品。

(三)再现——消费文化创意的商品

自1990年,文化产业在中国兴起,国家对它的发展一直保持政策上的扶持态度。近年来,这种政策偏向更是不断倾斜,鼓动着各行各业开始挖掘传统文化的"可持续发展"途径和手段。现如今宋代院体花鸟画多存在于各大博物馆中,面对优越的资源宝库,博物馆自主研发文创设计或联合文化创意团队设计的产品,大多存在着不足,数量多但精品少。一味地借助文创话题的热度进行炒作,缺乏对专业人员的培养，产品设计模式非专业化现象严重，造成设计表现形式片面化，文创产品带有廉价的消费质感。

目前，我们所收集到的宋代院体花鸟画衍生纺织类文创产品案例中，能够较为成熟地实现创意和文化巧妙结合的设计案例寥寥可数。主要有以下几件作品：由上海博物馆出售的宋徽宗《瑞鹤图》衍生印花丝巾；故宫文创出售的黄荃《写生珍禽图》帆布包；清华大学16级硕士研究生孙启铭设计的《写生珍禽图》衍生礼服；服装品牌"例外"自2016年以来以宋画为主题的各季度服饰；羊舍杨明洁设计的《中国画的三维解构屏风》，以及一件虽然不是纺织品类别但是较为出名的衍生品，入围奥斯卡动画短片的动画作品《美丽的森林》。此外，由北京大学考古文博院举办以"风雅·宋"为主题，名为"源流·第二届高校学生文化遗产创意设计赛"的获奖作品中有许多视角新颖设计精良的作品，这些作品做到了考古源流，探寻宋人文化，以故为新创意现代生活的设计宗旨。

面对宋代院体花鸟画中极具装饰美感的花鸟形象，设计师在实际设计操作中容易迷失于固化地遵从传统文化形式的思维方式中，不加选择地直接截取局部图像元素，进行产品的嫁接。设计手法缺乏突破，表现形式与当代生活所需不适配。而图5-10、图5-11两件作品将宋代院体花鸟画的素材放置于特定纺织品上，遵从纺织品的结构、风格、用途等整体设计要求，进行素材的重构。设计方法规避了上述嫁接的问题。《写生珍禽图》帆布包的设计，将原画中独立的元素进行重新排列组合，使图案可以更好地与布包的款式、尺寸相协调。适当地处理元素的大小对比，注重错落有序且均衡的布局，为产品的图案增加了形式美感。原画黄褐色的基底转换成米白色，形成简单素雅的格调，符合年轻化使用群体的喜好。《瑞鹤图》印花丝巾设计保留原画的完整性同时边缘部分以散点的形式添加了仙鹤元素，虽然表现形式上改动的内容很少，但是恰当的元素添加为原作严谨庄重的画面感增添了几分活泼，使丝巾设计风格更加符合现代人追求轻松和时尚感的审美特征。

图 5-10　黄荃《写生珍禽图》帆布包　　　图 5-11　赵佶《瑞鹤图》印花丝巾

　　孙启铭设计的这组《写生珍禽图》衍生礼服（表 5-3）以回归自然为设计出发点，从崇敬自然的绘画观且极具装饰性的院体花鸟画中汲取养分，如图像、色彩、调性等。细腻写实的造型和黄褐色的绘画基调为服装打造了复古优雅的新古典审美意境。孙启铭以面料设计的图案构造要求对绘画元素再次创作，采用散点四方连续满地纹样进行组合或是 XXL 号细节放大的局部纹样再设计，增强了服装图案的装饰效果和视觉表现张力，服饰显得精致华美而沉稳。服装的表现风格融合了宋代院体花鸟画的审美感受，同时宋代院体花鸟画的美学思想也赋予了作品东方古典美，含蓄优雅的视觉体验。区别于模式化的套用，这组设计作品将宋代院体花鸟画元素置于礼服设计所要求的背景下进行重构，用专业的设计思维和技法进行加工再现。

表 5-3　清华大学 16 级硕士研究生孙启铭写生珍禽图衍生礼服

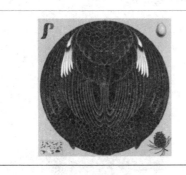 

提倡东方美学成就当代生活艺术的服饰品牌"例外",近年来常从风格雅致的宋朝文化中汲取灵感,打造诗意的现代生活美学。该品牌结合宋代诗词中的意境美,挖掘宋画中独特的审美形式,结合现代纺织工艺,设计出符合现代都市人生活审美习惯的服装类型。同时树立诗意自由、舒适自然、回归本真的生活理念,引领都市生活审美方向。

"例外"服饰2018"春晓,来植物园"系列(表5-4)服装的图案设计皆出自宋画中的花卉元素,设计师运用现代设计手法将其转化成新的图案装饰语言,风格简洁利落,雅致大方。"例外"服饰2016秋季系列(表5-5)的服装图案也是提取宋代院体花鸟画中的花鸟素材及边角式构图样式,结合反底机绣工艺,点缀于明度较低的乳白色面料上,形成构图优雅,图案清雅,色彩淡雅,总体儒雅至简的服装风格感觉。该品牌将宋人提倡简朴本真的思想应用到服装风格中以缓解现代人功利性和奢靡之风。

表5-4 "例外"服饰2018春晓,来植物园系列

表 5-5   "例外"服饰 2016 秋季系列

　　杨明洁设计的"中国画的三维结构"屏风（图 5-12）反映了文化产品设计正在寻求空间维度的突破，产品设计正在追求技与艺的合力之美。设计师将一幅院体花鸟画分解置于可移动的三个屏风上，打破中国画原来的二维平面表达。人移动屏风或从屏风前走过，仿佛可以感受到鸟儿在树枝间穿梭的场景。作者用宋代院体花鸟画表达对自然和谐的生活方式、质朴雅致的生活格调的追求。同时结合优秀的传统手工艺"苏绣"，合力创造出文化审美与实用性并存，观念升华，形态创新的产品。

图 5-12   中国画的三维结构屏风

由陈洋设计的名为《鸟语花香》（图5-13）的装饰图案，将知名度较高且拥有一定受众的LV、Chanel、Armani等奢侈品logo标志与宋代院体花鸟画图像元素结合，可以迅速吸引到两种不同喜好的。此类将两种不同符号识别性的元素结合的设计手法，可以称作"双IP的融合"模式。作品从古中求新，保留文化精髓中标志性的形象特征和虚实结合的意境美，兼顾现代人审美特点和情感体验，融入新时代的视觉元素，和明快摩登的色彩表现。从符号的转译到意境的诠释，设计出上承传统下连现代的文创产品。

图5-13　南京艺术学院陈洋复古风笔记本封面《鸟语花香》

近几年，国外时尚大品牌为了激发中国消费者的购买欲，纷纷为自己的品牌印上中国文化的标签，拉近与中国消费者的距离，获取更多的经济效益。2016年初，GUCCI推出的春夏"Tian系列"产品（图5-14），灵感便是取自宋代工笔花鸟以及18世纪法国"chinoiserie"风格的壁纸挂毯纹样。"Tian"同汉字"天"，中国传统花鸟画的创作深受天人合一哲学思想的影响，画家以静观自然感悟生命的绘画观，表达和谐共生的情感诉求。这与该品牌想要表达的兼容并蓄的品牌理念相切合。

图 5-14   2016 春夏 "Tian" 系列传统花鸟画产品

GUCCI 除了推出 "Tian" 系列印花产品外，也开展了 Gucci Gramproject 艺术项目，邀请了 24 位艺术家，以 "Tian 印花" 为主题进行自由的艺术创作，兼容并蓄的将不同领域的文化、不同时代的文化相互融合。中国艺术家徐文凯以信息时代独特的计算机语言代码 0 和 1 组合出的花鸟图像（图 5-15），不仅具有时代特征，同时纹样具有了新鲜独特的视觉感受和新意。

图 5-15   数字艺术计划中国艺术家徐文凯作品

参 考 文 献

[1] [法] 鲍德里亚. 消费社会 [M]. 刘成富, 全志钢, 译. 南京: 南京大学出版社, 2008.

[2] [美] 唐纳德.A. 诺曼. 梅琼, 译. 设计心理学 [M]. 北京: 北京中信出版社, 2003.01.

[3] [日] 铃木大拙. 禅与艺术 [M]. 哈尔滨: 北方文艺出版社, 1988.3-122.

[4] [日] 原研哉. 白 [M]. 桂林: 广西师范大学出版社, 2012.

[5] [日] 原研哉. 设计中的设计 [M]. 济南: 山东人民出版社, 2006.

[6] [日] 琢田敢. 色彩美学 [M]. 长沙: 湖南美术出版社, 1986.

[7] [宋] 吴自牧. 梦粱录. [M]. 北京: 在读出版社, 2014.

[8] [宋] 赵升. 朝野类要: 唐宋史料笔记 [M]. 北京: 中华书局, 2007.

[9] [元] 夏文彦. 图绘宝鉴 [M]. 南京: 江苏古籍出版社, 1997.

[10] 毕翼飞. 中日陶瓷食器文化比较研究 [D]. 景德镇: 景德镇陶瓷学院, 2007.

[11] 蔡军. 工业设计 [M]. 长春: 吉林美术出版社, 1996.

[12] 曹晋. 浅谈设计艺术的美与善 [J]. 大众文艺, 2011.

[13] 卢礼浩. 禅意的设计——浅析日本设计师原研哉的设计 [D]. 潮州: 广东省陶瓷职业技术学校, 2012.

[14] 陈了莹. 岭南花鸟画流变. [M]. 上海: 上海古籍出版社, 2004.

[15] 陈绶祥. 中国美术史 [M]. 济南: 齐鲁书社, 明天出版社, 2000.

[16] 陈望衡. 美与当代生活方式. [M]. 武汉: 武汉大学出版社, 2005.

[17] 陈逸凡. 以海错图为线索的博物馆文创产品研究 [D]. 杭州: 中国美术学院, 2018.

[18] 陈泽恺. 带得走的文化——文创产品的定义分类与 "3C 共鸣原理" [J]. 现代交际, 2017 (2).

[19] 故宫博物院.宋代花鸟画珍赏［M］.北京：故宫出版社，2014.

[20] 贺万里.中国古代花鸟画图式的伦理意义［J］.美术研究，2005.

[21] 胡飞.艺术设计符号基础［M］.北京：清华大学出版社，2008.

[22] 华彬.中国宫廷绘画史［M］.沈阳：辽宁美术出版社，2013.

[23] 黄金.中日艺术设计中"空无"思想的比较研究［D］.郑州：郑州轻工业学院，2015.

[24] 黄志华."有意味的形式"与后印象派［J］.桂林市教育学院学报桂林市教育学院学报，1999.

[25] 季峰.中国城市雕塑：语义，语境及当代内涵［M］.南京：南大学出版社，2009.

[26] 江岸飞.从禅文化的异同看中日陶瓷设计的特点［D］.景德镇：景德镇陶瓷学院，2008.

[27] 孔六庆.中国画艺术专史•花鸟卷［M］.南昌：江西美术出版社，2009.吴钩.宋.现代的拂晓时辰.［M］.桂林：广西师范大学出版社，2015.

[28] 李乐山.工业设计心理学［M］.北京：高等教育出版社，2004.

[29] 李玲.艺术衍生品的开发与创新研究［J］.郑州轻工业学院学报（社会科学版），2015（3）.

[30] 李佩玲，黄亚纪.日本的手感设计［M］.上海：上海人民美术出版社，2011.

[31] 李志苹.禅意空间氛围营造设计研究［D］.西安：西安工程大学，2017.

[32] 梁良.芬兰现代陶瓷设计理念［J］.艺术设计论坛，2005.

[33] 刘锐笛.生活美学与艺术经验.［M］.南京：南京出版社，2007.

[34] 刘晓明.日本"禅文化"在"无印良品"品牌中的应用［J］.新乡学院学报（社会科学版），2011.

[35] 柳宗悦.工艺文化［M］.桂林：广西师范大学出版社.

[36] 鲁道夫•阿恩海姆.艺术与视知觉［M］.藤守尧，朱疆源，译.北京：中国社会科学出版社，1984.

［37］鲁晓波．工业设计程序与方法［M］.北京：清华大学出版社，2005.

［38］陆琼．迈森瓷及其他德国名瓷［J］.设计艺术，2003.

［39］路琼．论宋代院体花鸟画的构图样式［J］.大众文艺，2009（24）.

［40］马英豪．中国禅道文化中的神、意、形、色在视觉传达设计中的应用研究［D］.昆明：云南师范大学，2016.

［41］孟恬恬．绘画艺术衍生品设计研究［D］.南京：南京艺术学院，2013.

［42］孟昭宇，张宁宁．产品设计的形态审美特征［J］.美术大观，2012.

［43］彭晓嘉．文化产业视野下的当代"禅文化"研究［D］.广州：暨南大学，2015.

［44］彭晓嘉．文化产业视野下的当代"禅文化"研究［D］.天津：暨南大学，2015.

［45］朴文英．中华锦绣.［M］.苏州：苏州大学出版社，2009.

［46］卿尚东．试析近现代中国设计艺术的发展历程［J］.艺术与设计，2007.

［47］沈婷，郭大泽．文创品牌的秘密.［M］.广西：广西美术出版社，2017.

［48］石佳．消费时代下博物馆艺术衍生品的研究［D］.北京：中央美术学院，2016.

［49］宋炀．现当代艺术对纺织品设计的影响［J］.美术向导，2011（1）.

［50］苏连第，李慧娟．中国造型艺术［M］.天津：天津人民美术出版社，2001.

［51］唐开军．科学——产品设计艺术的核心推动力［J］.江南大学学报，2007.6（5）.

［52］滕守尧．知识经济时代下的美学与设计.［M］.南京：南京出版社，2006.

［53］田中一光．设计的觉醒.［M］.桂林：广西师范大学出版社，2012.4.

[54] 铁军.中日色彩的文化解读［M］.北京：中国传媒大学出版社，
2012.

[55] 王建平.语言交际中的艺术语境的逻辑功能［M］.北京：求实出
版社，1989.

[56] 王俊涛，肖慧.新产品设计开发［M］.北京：中国水利水电出版
社.2012.

[57] 王受之.世界平面设计史［M］.北京：中国青年出版社，2002.

[58] 王鹰超.设计未来考古学［M］.上海：上海人民美术出版社，
2003.

[59] 吴厚斌.谈谈"有意味的形式"［J］.美术研究，1992.

[60] 向杰.浅谈产品设计的审美文化［J］.文艺生活·文海艺苑，
2016.

[61] 谢庆森.工业产品造型设计［M］.天津：天津大学出版社，1992.

[62] 辛向阳，潘龙.创造突破性产品［M］.北京：机械工业出版社，
2003.

[63] 杨猛.书画衍生品的互动体验式设计研究--以簪花仕女图为例[J].
包装世界，2015（1）.

[64] 杨明朗，郭林森.信息产品的符号与符号消费初探［J］.包装工程，
2005.

[65] 尹定邦.设计学概论［M］.湖南：长沙出版社，2006

[66] 俞剑华，译.宣和画谱［M］.北京：人民出版社，2017.

[67] 张凌浩.产品的语意［M］.北京：中国建筑工业出版社，2005.

[68] 张宁宁，孟昭宇.产品设计的形态审美特征［J］.美术大观，
2012.

[69] 张雅妮.日本禅文化对日本审美和生活观的影响［J］.科技资讯，
2020.

[70] 张亚林，江岸飞.试论日本陶瓷器皿中的物性——日本禅文化所
影射出的陶瓷中"物"性的关系[J].南京：南京艺术学院学报（美
术与设计版），2010（2）.

［71］张亚林.空寂的悲凉——从日本禅文化的特点看日本日用陶瓷之美［J］.南京艺术学院学报（美术与设计版），2008.

［72］张濯清.生态视野下的宋代绘画［D］.武汉：华中师范大学，2016.

［73］赵勇.透视大众文化［M］.北京：中国书籍出版社，2012.

［74］周莉.宋代"生色花"的装饰设计研究与创新设计应用［D］.北京：北京服装学院，2017.

［75］周宪.中国当代审美文化研究［M］.北京：大学出版社，1997.

［76］朱光潜.谈美［M］.桂林：广西师范大学出版社，2006.

［77］朱明艳.满庭芳——两宋院体花鸟画研究［D］.武汉：武汉理工大学，2010.

［78］左丽笋.宋人花鸟画中的植物图像辨识［D］.淮北：淮北师范大学，2016.

［79］左铁峰，魏如俊.产品模型与产品设计［J］.装饰，2006.